阳台种花与景观设计

台湾《花草游戏》编辑部　编
陈坤灿　审

海峡出版发行集团
THE STRAITS PUBLISHING & DISTRIBUTING GROUP
福建科学技术出版社
FUJIAN SCIENCE & TECHNOLOGY PUBLISHING HOUSE

目录
CONTENTS

北向阳台　55

PART 3

东向阳台　91

PART 4

B. 植物照顾篇　154

认识植物之后，就该来学习怎么照顾管理。别小看简单的浇水、施肥和修剪动作，背后的细节和知识都是种好盆栽的关键。

C. 规划实践篇　180

不管是自己改造阳台或是委请专业设计师规划，了解制作阳台的流程，都有助于事前的规划和采购，避免出错。

PART 1

阳台环境

虽说家家户户都有阳台，但每一户的阳台类型及日照、通风条件等都不尽相同。在种植花草之前，不妨先观察一下自家阳台的环境。尤其在都市，住家附近的整体环境，对阳台的日照、风向甚至于温度，都会有所影响。

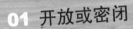

01 开放或密闭

02 学会看方位

03 风力学问大

开放或密闭

　　一般来说，阳台大致可分为开放型、半开放型和封闭型这3种。阳台的类型和女儿墙造型，都直接关系着日照、通风、风力等条件，因此，在种植花草之前，应该先了解自家阳台的类型，再进一步着手栽种花木。

开放型阳台

　　这类阳台一面是家中的水泥墙，另一面就是女儿墙，并无加装任何物件。其优点是光照充足且通风良好，缺点是环境容易变得干燥。夏天缺乏遮阴容易导致环境太过炎热；冬天又难以保暖，尤其在风大时，植物容易遭受寒害。

　　开放型阳台随着女儿墙材质的不同，选择栽种的植物也略有不同，可以归类为以下常见的三大类型：

●加装铁窗的半开放型阳台，是最常见的阳台形态。

【栏杆型】

栏杆型的女儿墙，阳台内部可获得充分光照，阳光可以照射到整个空间，不会因为女儿墙而影响植物生长。即使是开花植物，也可直接摆放在阳台底部。当一排盆花齐放时，从阳台外部就能直接观赏到缤纷的花朵。

【水泥型】

一般以水泥为材质的女儿墙，不论阳台朝向如何，都让墙内较难接受到日照，而且较栏杆型的通风不良。因此，靠近女儿墙面的底部，宜摆放一些喜阴的观叶植物。

【玻璃型】

以玻璃作为墙面的女儿墙，一般不会影响阳台内的光照条件。但若玻璃有遮光效果，则阳台的受光程度就会略为减少，且通风不如栏杆型的理想。在女儿墙的底部摆放植物时，仍须注意光照与通风的情况再作调整。

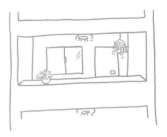

■开放型阳台

半开放型阳台

这类阳台是在原有的女儿墙上半部加装铁栏杆或铁窗，是居家常见的阳台类型。优点是保暖效果比开放型的好，但光照及通风条件则略差一些，但若是日照较强的朝向时，还可在铁窗上加挂盆栽，种些藤蔓植物遮光。

■半开放型阳台

封闭型阳台

阳台由水泥墙围成，外部加装封闭的铝窗，是光照和通风条件最差的阳台。因为光线不足，仅能栽植观叶植物或室内盆花，可以加装排气扇改善通风条件，同时应注意植物类型的选择。

■封闭型阳台

■阳台的方位不同，日照程度和
时间各异。

学会看方位

　　想要打造阳台花园，先别冲动！若一味地选择自己喜欢的植物，却没有考虑阳台本身的环境因素，很容易尝到失败的苦果。

　　简单说来，向阳面的阳台需选择需要日照、耐旱的植物，背阳面或光线较不足的阳台，则需选择耐阴的观叶植物。阳台方位的不同，会影响其所接受到的日照程度，所以了解自家阳台属于东、西、南、北哪个方位，才可以选到最适合栽种的植物。

辨别阳台方位Tips

　　阳台通常是居家阳光最充足的地方，也是花草最喜欢的环境，但阳台方位不同，适合栽种的植物也就不同。而所谓的东、西、南、北朝向，指的是从阳台看出去的方向。举例来说，如果从阳台往外看是东方的话，那么就是东向阳台。

什么方位种什么植物

■粗肋草

■合果芋

北向阳台

北向阳台，阳光不易照到，冬天又有北风的侵袭，栽种植物的自然条件较差，因此以栽种需光量少、耐阴的植物为宜。

北 North

■龙船花

■虎尾兰

■常春藤

■彩叶草

西 West

西向阳台

大家常提到所谓的"西晒"阳台，其实所指的就是西向阳台，因为下午会有3~4小时强烈的阳光直射，使得阳台又晒又热。尤其在炎热的夏天，日晒、高温对于植物而言，实在是一种严酷的考验，所以建议多选用喜阳、耐热的植物。

东向阳台

东向阳台在上午有3~4小时的直射阳光，午后的光照已较不强，只有非直射光，因此在植物的选择上，以中性或稍耐阴者为宜。

东 East

南 North

■九重葛（三角梅）

■马缨丹

南向阳台

拥有南向阳台的人很幸福，几乎一整天都有充足的阳光，所以需光量多的喜阳植物是此类阳台的最佳选择。

风力学问大

在阳台上种植花草，除了顾及阳台方位和日照条件之外，还须考虑阳台四周的受风程度，因为这关系到植物是否能良好生长。虽然植物生长需要流动的空气，但若阳台上的风过大，也会对植物造成伤害。

阳台的高度越高，风力自然越大，例如10楼阳台的风力是1楼阳台的7倍。因此在阳台上栽种植物，要评估可栽种植物的高度，尽量减少风力所带来的影响。

观察阳台的受风程度

别忽视阳台风力对植物所造成的影响，过大的风可能是阳台植物的隐形杀手，不知不觉中会残害你心爱的花草。或许你曾留意到，社区中同一排的公寓，有些住户的阳台受风就是比其他住户的强，这很有可能是受相邻建筑物影响所形成的风口现象所致。以大厦建筑为例，一般楼层越高，受风越强。除此之外，住宅四周若无高大建筑物阻挡，风势会更强些。

■阳台女儿墙的高度与植物的高度息息相关，千万不可顾此失彼。

■高楼层的阳台，风势会比低楼层来得强，应避免将盆栽放在女儿墙上。

■风不大的阳台，可以在紧邻女儿墙的收纳柜上摆盆栽。

　　所以，关于风的问题，需靠屋主多观察自家阳台的情况。假若风较大的话，应多挑选多肉植物、武竹等耐风植物，或是吊挂竹帘，以达到防风功效。

减缓风力的防风措施

　　一般来说，风太大会造成植株倾颓、落花、落果、嫩芽损伤等现象，因此，适当的防风措施是有必要的。

　　首先，应观察自家阳台的风向是否固定，或者四季风向有无变化。若风向是固定的，可于迎风面加上一块防风板，就能阻挡风的吹袭；若风向是不固定的，则须在整个阳台四周加装防风设备，或者在每一个种植区域或针对单一植物，覆盖透明塑料布，也有防风的效果。但最好的方法就是加上一道杉木板墙或竹子围成的竹篱，既美观又有防风功能。

■阳台风大，会造成植物生长不良，加装木板后，可抵挡风的吹袭。

■以竹子围成的竹篱，有防风的功能。

PART 2

南向阳台

南向阳台是所有面向中最完美的栽种环境。对于喜爱在家种花种草的人来说，它具有最好的先天优势。

南向阳台环境解析

向南的阳台光线最充足，全天都有阳光，一年四季都不受日照时间影响，且风势和缓、没有西风的危害，可以说是东、西、南、北四个朝向阳台中最理想的！

日照条件

在阳台附近并无大楼遮蔽的情况下，南向阳台等于拥有全日照的栽种条件，适合栽种耐晒、需光照强的植物。如果附近有其他建筑物，则要判断其遮蔽的方位，是否影响阳台的日照时间。

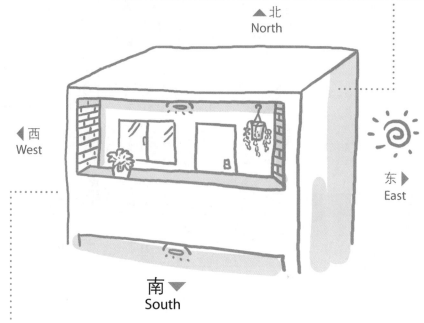

栽培要领

充足的日照环境是南向阳台的优点，但实际栽种植栽时，必须注意水分是否蒸发较快，随季节调整浇水的次数。夏季酷热时，容易因日照过强而使植栽受伤，需加强盆栽的防晒措施，适时将盆栽移进遮蔽处。

虽然南向阳台的风势相对和缓，但若高楼层阳台，还是要考虑楼高风大的因素，避免植物因风大而生长不良。

适合全日照的阳性植物

草花类

名称：长春花（夹竹桃科）
习性：耐热怕潮湿，要注意夏季暴雨。
水分：浇水需见干见湿，保持盆土湿
润，并注意雨后倒盆排水。
土壤：疏松肥沃和排水良好的土壤，切忌
偏碱性。
花期：春至秋季

名称：天竺葵（牻牛儿苗科）
习性：喜欢通风排水的环境，避免潮
湿。
水分：浇水应掌握不干不浇、浇要浇透
的原则。
土壤：腐叶土、园土、河沙混合的培养土。
花期：初冬至翌年夏初

名称：水果鼠尾草（唇形花科）
习性：喜欢干燥的环境，耐寒、耐旱。
水分：土表微干后，一次浇透。高温多
湿的夏季，避免积水及雨水的直接浇淋。
土壤：排水良好的沙质壤土或土质深厚
壤土。
花期：春季

木本类

名称：澳洲茶树（又名互叶白千层，桃
金娘科）
习性：生性强健，喜欢充足阳光与水分。
水分：土表微干后，一次浇透。
土壤：排水良好沙质土壤。
花期：大型植株才开花，约在春季开花。

名称：玫瑰（蔷薇科）
习性：喜欢土质疏松、排水良好的环
境，要注意防治病虫害。
水分：2天浇1次，炎夏或春旱时1天浇
1次。
土壤：腐叶土、园土、河沙混合的培养土。
花期：春至夏初

名称：木春菊（菊科）
习性：喜温暖、湿润、凉爽气候，不耐
寒，生长适温10-15℃。
水分：土表微干后，一次浇透。
土壤：富含有机质、疏松和排水良好的
土壤。
花期：春至秋季

多肉类

名称：麒麟花（大戟科）
习性：喜好全日照环境，耐旱。
水分：春秋间干间湿，夏季每天浇水一
次，雨季防渍水，冬季不干不浇水。
土壤：疏松、排水良好的腐叶土。
花期：四季

名称：雅乐之舞（马齿苋科）
习性：喜阳光充足和温暖、干燥的环
境，耐干旱，忌阴湿和寒冷。
水分：干透浇透，冬季保持干燥。
土壤：疏松、肥沃，排水和透气性好的土壤。
花期：四季观叶

名称：松叶景天（景天科）
习性：需要充足的日照条件。
水分：极其耐旱。
土壤：疏松、排水好的土壤。
花期：春夏季

CASE 01

同时拥有3种花园

{ Data }

阳台类型：封闭型

面　　积：客厅阳台7~10m²、主卧房
　　　　　阳台3m²、客房阳台3m²

楼　　层：4楼

日　　照：全天都有阳光

主要植物：观叶植物、观赏树木

设 计 者：大汉设计工程有限公司·
　　　　　徐世莘

这户坐北朝南的住户，奢侈地拥有3个大小不一的南向阳台，虽然格局均属封闭型，但在设计师的巧手规划下，仍然营造出各异的风格和花草缤纷的效果。

在位于客厅旁的主阳台，设计师以一袭藤制长椅，搭配线条优美的白水木和粗肋草，带出休闲安逸的氛围，辅以枝叶茂密的球兰、肾蕨、彩叶草与星点木等观叶植物，让数量不多的盆栽也能营造有如雨林般的绿意。同时，为增加空间感，在阳台两侧墙面贴上镜面，产生放大空间的视觉效果。走到里面的房间，两个小型的封闭式阳台，也分别依照阅读和收纳的生活功能，延伸出轻松的绿色空间。设计者采用壁面和天花板吊挂盆栽的方式，减少对小空间的压迫，并以住户的生活功能为主，花草为辅，打造点缀式的阳台。

■主卧房的阳台里，还保留用以收纳的层架和藤篮等。

■客房里的阳台，则是在书桌延伸的空间，点缀着花草植物。

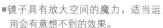

■镜子具有放大空间的魔力，适当运用会有意想不到的效果。

{POINT **1**} 风格坐椅带出主题特色

从3个阳台的规划中，不难看出设计者挑选了风格迥异的桌椅，突出每个阳台的主体特色，同时，也为屋主保留开阔的休憩空间，即便对园艺不甚热心的人，都愿意走进去亲近、停留一番。由此可知，挑选适当的阳台坐椅，能迅速为阳台风格和整体氛围加分。

■在玻璃窗前，靠着小圆凳来个"绿光浴"，放松一下心情!

■优雅的桌椅组，让阳台一角变身为书房，成了室内空间的延伸。

■在阳台布置一组桌椅，会有室内空间延伸到户外的效果。

{POINT 2} 角落重点式布置

在方形的阳台空间里，角落是布置花草的重点区域。规划时，不妨先选用一棵主体植物作为视觉重点，再从主体植物四周由高而低布置，或依前后层次布置盆栽。这样一来，就很容易完成一个视觉独立、有重点的美丽角落的布置。

{POINT 3} 灯具辅助增添气氛

在阳台设计中，不管是情境灯、装饰灯或照明灯，都可以化身成为设计元素。现在已有许多造型特殊的灯具，本身就设计如装饰素材，放在阳台里不会显得突兀。打上灯光后的植物，也会呈现出与白天不同的样貌，不妨也跟着试试看吧。

■角落植物的高度安排，需拿捏好比例，观赏起来才会舒适又统一。

■造型可爱的陶制装饰灯不仅仅是灯具，本身就是装饰素材。

■可以放在水里的照明灯，利用水光和植物，形成梦幻般的情境。

{ **Data** }

阳台类型：封闭型

面　　积：客厅阳台6.5m²、主卧房
阳台6.5m²

楼　　层：4楼

日　　照：全天都有阳光

主要植物：草花、观叶植物

设 计 者：大汉设计工程有限公司·
徐世萃

CASE 02

浓缩版童话森林花园

踏着小石阶，循着水声前进，一路和小精灵打招呼，很难想象童话森林的梦幻景观会出现在公寓大楼的室内阳台中！设计者集合了乡村风格应具备的元素，将此封闭型阳台打造成充满欧洲童趣的小天地。

鹅黄的色调，搭配一旁的风信子、火鹤芋、薰衣草等色彩缤纷的草花，以及铁线蕨、肾蕨等绿叶植物，让阳台如春季般热闹，带给人们好心情。阳台另一边，运用蔓生的口红花绿瀑，打造成享用午茶的空间，细致的程度让人几乎忘却位处阳台。而主卧房外的小阳台，以干净的纯白色为基调，仅以简单的白藤椅和木篱笆，勾勒出一个安静的独处空间，让屋主得以全然地放松。

■躲在植物间的陶偶，让阳台花园活泼了起来。

■做工精致的下午茶座，有如乡村木屋中的餐桌。

■选用鹅黄色的盆器和坐椅，可带来温暖柔和的效果。

■卧房里的白色小阳台，简单又不失温馨。

{ POINT 1 } 乡村风基本要素

　　温馨浪漫的乡村风，一直是相当受欢迎的阳台风格，许多人不惜重金添购装饰素材。事实上，乡村风的确是由众多素材组合起来的。例如，色彩浓重的挂画、瓷器、马赛克壁砖等经典素材，都是营造乡村风所必需的，因此，想设计出乡村风的阳台，多观察、多寻找风格相近的素材，自然会更加得心应手。

■乡村风空间不挂上一幅
　色彩饱满的油画，似乎
　就缺少了什么。

■瓷砖、银铸水龙头和玩偶，也是乡村风常见的素材。

■以马赛克拼贴的桌面，堪称乡村风的经典元素。

■造型精巧繁复的灯饰，可增添柔美优雅的气氛。

{POINT 2} 营造迷你森林的秘密

　　在小阳台营造出迷你森林的诀窍，首先是植物选材与搭配，应把握绿叶植物比开花植物多的原则，再依照高低层次，仿效森林的植物生长位置，就可以初步打造出迷你森林的轮廓。

　　接下来，只要发挥想象力，将其他如小径、喷泉、小动物等装饰素材，一点一点加进去，就可以完成心目中的童话森林了。

■流水不断的喷泉，为阳台带来动态的视觉美感。

■富有创意地组合多种地面铺材，呈现出变化多端的视觉效果。

CASE **03**

完美留白的禅风花园

{ Data }

阳台类型：封闭型

面　　积：10m²

楼　　层：4楼

日　　照：全天都有阳光

主要植物：观叶植物

设 计 者：大汉设计工程有限公司·
　　　　　徐世莘

　　一走进客厅，就被眼前颇具中国禅风的阳台开阔气势所吸引。虽然面积不大，但在设计者的巧思规划下，封闭型室内阳台，也别有一番开门见山的气魄。

　　正对南向的阳台，整天都有温和的阳光洒进来。为了不浪费良好的光照条件，设计者在阳台中间放入低矮的皮椅，仅以修长的风铃木修饰画面中的线条，并将姑婆芋、白水木、球兰、肾蕨等植物往阳台两边摆放，大量的留白，让整体空间显得舒爽宜人。阳台中的盆栽数量不多，但设计者以主盆带小盆，善用蔓性植物的延展特性，让植物绿意巧妙地点缀空间，成功打造方便管理、轻松享受美景的阳台。

■姿态优美的白水木，是园艺设计者爱用的植物。

■复古皮椅搭配古董木桌，散发出悠远的中国禅风气息。

■借助主植物带周边盆栽的手法，使阳台东侧成为赏心悦目的角落。

{ POINT 1 } 蔓垂植物的运用

　　具有攀爬、蔓垂特性的植物，在阳台的设计中，常起到画龙点睛的作用，成为增添气氛的首选盆栽。除了运用常见的吊盆形式来展现其枝叶之外，还可将其运用在组合盆栽、附生盆器上，或作为大型植栽的表土植物……这些都能让蔓垂性植物发挥不同的美感。下次栽种蔓垂植物时，你不妨换个新点子，活用其飘逸的特点。

■极易攀附在盆器上的薜荔，细小的叶片格外迷人。

■把常春藤放在鸟笼中，其不规则的生长姿态有如欲展翅的小鸟。

■运用球兰易蔓生的特性，可自然遮住澳洲鸭脚木的表土。

{POINT 2} 中国风元素

    传统印象中，营造中国风的元素都是风格极浓厚的家具。在阳台花园的空间里，过度渲染中国风，容易与花草特性相悖，因此设计者选择了带有些许东方味的皮椅和色泽自然的陶盆，以及代表古文明的象征性饰品，以点到即止的处理方式，轻轻带出东方色彩。

■（左图）色泽自然原始的陶器，也是营造中国风的元素之一。

■（右图）样式复古的木桌，配合高雅的兰花，就有了淡淡的东方韵味。

{POINT 3} 地面铺材的装饰效果

    样式繁多的地面铺材，其实不仅可以用在地面上，小型的粗沙、卵石和颜色奇特的装饰性铺材，通常也可作为大型盆栽的表土装饰物，除了遮住干裸的盆土，还可营造特殊的风格，一举两得。挑选时，应避免过于细小的材质，以免影响盆栽的浇水和排水。

■在白水木的盆土上，铺上一层鹅卵石，搭配上同材质的盆器，也颇有味道。

CASE 04

迷你乡村风阳台

{ Data }

阳台类型：开放型
面　　积：5m²
楼　　层：12楼
日　　照：全天都有日照
主要植物：草花、香草、多肉植物
设 计 者：矸忆园艺有限公司·陈忆珍

从家里餐厅走出去，就能欣赏到一大片的花花草草，该是多么幸福的事啊！为了符合屋主对阳台花园的想象，设计者在仅有5m²的阳台，错落摆放大大小小的草花盆栽，营造出令人惊喜的满室绿意。

为了搭配墙面原来的淡红色瓷砖和南方松木板，设计者采用大量的枕木、空心砖与深色陶器等大地色素材，除了营造出稳重的整体色调，也让颜色深浅不一的植物绿叶，显得更抢眼。为了达到屋主所要求的乡村风格，除了盆栽之外，设计者也将许多生活物品带进了阳台，如玻璃烛台、雨鞋、麻布袋……它们通通成了创意盆器或抢眼的装饰品。此外，为了方便屋主照顾植物，阳台一角还布置了一个小小的工具台和休息座椅，毕竟人才是让阳台活络起来的主角，让阳台回归到以人为本的设计理念。

■枕木水龙头底下接着水盆，几乎让人误以为是真的呢。

■把栽种仙客来的木箱放置在板凳上，就成为随性的风景。

■运用南方松板和壁砖之间的高度落差，将木墙布置成一个独立的区域。

31

{ POINT 1 } 花台的延伸利用

　　阳台原来的格局，就有一圆弧状的护栏和低矮的花台。设计者先在花台上摆满中大型盆栽，接着就以阶梯状的概念，巧妙运用高度各异的盆栽和盆器，向阳台内部延伸展开，其间完全没有使用到花架，也达到了错落有致的视觉效果，同时遮住不甚讨喜的壁砖。

■花台上可摆放需要充足阳光的草花植物，开花时楼下的路人也能一起欣赏。

■香草花盆中摆上装饰用的浇水壶，好像浇水壶是不小心被落下的呢。

{ POINT 2 } 营造独立角落空间

　　相较于另一侧植物茂密繁盛的模样，靠近角落的地方，则选择以较宽松的方式，打造出一个让人放松呼吸的区域。这个角落除了少许的吊盆和水生盆栽，其余的空间都留给了屋主。可以在此休憩赏花，为植物换盆，摆放园艺工具，即便只是静静地坐着，都也是一种享受。

{ POINT 3 } 多肉的异想世界

南向的阳台因为先天栽种环境好，很适合栽种仙人掌与多肉植物，特别是在空间有限的情况下，品种多样的多肉植物，往往是装点阳台空间的万用植物。在没有注意到的空间缝隙，或是放不下盆器的地方，摆上一盆小品多肉盆栽，不但增添热闹感，也为观赏者带来寻宝的乐趣。

■小小的不死鸟，最适合放在意想不到的方格空心砖里头。

■形状独特的陶瓶，搭配上蔓生的多肉植物，好似一圈花冠。

■线条优美的玻璃烛台，放入锦晃星和粗沙介质，颇有趣味。

CASE **05**

家有花草洗衣间

{ Data }

阳台类型：封闭型

面　　积：3.3m²

楼　　层：12楼

日　　照：全天都有日照

主要植物：多肉、香草植物

设 计 者：扦忆园艺有限公司·陈忆珍

花草洗衣间，听起来是个不赖的名词，实际上，要把三四平方米大的晾衣间——原本放置洗衣机和生活杂物的空间，改头换面成为令人赏心悦目的阳台，的确需要一些技巧！

洗衣间与厨房相连，和一般公寓的格局无异。但对工作忙碌、要求生活品质的屋主来说，能在下班后到阳台采摘一些香草植物泡茶、料理，借此舒解压力，是她梦想中的阳台生活。因此，设计者采用大胆的暖红色和白色，将洗衣间的墙面与窗户漆成朝气十足的色调，取代原有的黯淡灰白色。阳台虽然为封闭型，但在向南的阳光下，还是拥有日照充足的栽种环境。除了栽植屋主渴望的香草植物，也依照日照强弱，分别在窗台种了多肉、草花植物，晾衣架也挂着藤蔓植物，让小小的家事工作空间，转换成让人舍不得离开的小花园。

■颜色鲜艳的观叶植物，搭配上红色
墙面，更显亮丽！

■收纳脏衣服的木箱，经过设计，也
可以美美地放在花园里。

■枝条优美的常春藤，可以让阳台气氛
更柔和。

{ POINT 1 } 充分利用环境元素

洗衣间往往会有许多管线与水龙头，加上相邻厨房的排气孔，让有限的空间更显拥挤，往往成了在此干家务活的短暂停留处。

其实，对于那些恼人的管线和铝窗，只要转个方式，反而会有意想不到的效果。例如，在管线转弯处的开关，挂上一盆观叶植物，就轻松化解了僵硬的硬件。

■窗户和墙面之间的小平台可别浪费，摆上小仙人掌，恰到好处。

■在洗手槽上方的铝窗上，挂上柳榕、飞龙秋海棠……连洗手都浪漫了起来。

{POINT 2} 墙面层板好处多

　　在这个具有洗衣功能的阳台空间里，考虑到地面可能常有潮湿的情形，设计者将盆栽都往上提，因此层板就是花草最重要的平台。将层板架设在窗户周围，日光充足之处，就可依序将小盆栽由阳台正中间往旁边墙面摆放，墙面上的层板可放置中型盆栽，达到整体视觉平衡的效果。

■中大型盆栽可往墙面靠，才不会有突兀与压迫的感觉。

{POINT 3} 藤蔓植物柔化空间

　　在狭窄的阳台里，具有柔美枝叶的藤蔓植物，是柔和整体空间的绝佳植物。蔓垂性植物品种多，可视不同的环境选择栽种，通常也很适合挂在高处欣赏，不占空间，说它是阳台的常备植物，一点也不为过。

CASE 06

阳台变身世外桃源

{ **Data** }

阳台类型：开放型

面　　积：100m²

楼　　层：11楼

日　　照：全天有阳光

主要植物：水生植物与观赏树木

设 计 者：崧荃造景艺术·廖煌武

阳台较宽敞，又有极好的景观，女主人平时就很喜欢花草植物，又相当重视生活品质。在设计者的用心规划之下，这样一座充满东方禅风味的写意露台腾空而出。露台中的休闲凉亭，以表现自然写意的东方禅风为诉求。特别值得一提的是，水景的水采用自然回收过滤循环系统，不用费心去清洗水池，也不会浪费水资源，完全符合环保概念。这是很重要的设计创意。

开放型的大露台是朝南偏西的座向，整天都有日照，植物可以良好生长，还配备了自动浇水系统，让植物可以得到稳定、适量的供水。充满禅意的凉亭、水景、幽径，有五月松、桂竹、水生植物、草坪……收纳空间、园艺用具、清理工具也都一应俱全。只要进入阳台，就是进入另外一个休闲生活空间，舒适、别致，犹如世外桃源。

■水池中放置石子，除了美观之外，还可以过滤池水。

■为了搭配整体感，就连灯罩也是以手工质感重新处理的。

■即使是清洁用具、垃圾桶，设计师都精心配置，打造整体禅风，一点也不马虎。

■在木平台两侧栽种大量桂竹，散发自然清幽的气息。

{ POINT 1 } 无边界水景打造禅风印象

凉亭是整个阳台造景的重点。设计者采用4根经特殊处理过的龙眼树干作为主架构，让凉亭看起来很自然，好像就是在树林中搭建起来。凉亭周边的无边界水景，以精致的设计，烘托凉亭的禅风。凉亭的另一边是成排的桂竹，用来衬托凉亭，也兼具遮蔽的功能。

同时，运用几种高低层次的水生植物，营造水景的禅风意象。水生植物的种类、数量都不能太多，只有恰到好处，才能有效营造禅风景致。

■凉亭周边的水景，是无边界的水景造景形式。

■一座充满日本禅风的造景凉亭，可以赏景，充满悠闲的生活感。

{ POINT 2 } 砂岩堆砌的石垒花盆

　　一棵高耸的五针松如何安身在露台上呢？既没有深厚的土层可以栖身，也没有现成的花盆可以栽种，于是，砂岩堆砌而成的石垒，就变成栽植五针松的大花盆。

　　砂岩石垒具有相当于花盆的功能，能够保护五针松的根部。石垒上栽植了松叶景天、青苔等，可以涵养水分，具有地被植物般的保护作用，一片青翠茂密，增添露台的自然风味。

■（左图）一棵种了20年的五针松，让露台顿时充满禅意。

■（右图）利用具攀附特性的植物，为石垒增添岁月感。

{ POINT 3 } 小鸟添景物点缀庭园趣味

　　莳花养草，整理花木，洗手台是一个不能少的设备，所以就让洗手台也成为一个小景吧！小鸟水龙头、砂岩水钵、山苏、素烧渔网陶珠构成一个自然风的洗手台。而作为添景的小鸟，是整个露台唯一的饰品小物，为大气的空间，增添了令人会心一笑的庭园趣味，而且趣味也变身为实用的水龙头。

■经过一番设计，小鸟变成水龙头，第一次使用者，会不知如何打开水龙头，非常有趣！

■将小鸟饰物作为添景物，好像鸟儿就住在这座阳台里！

CASE 07

亲子间的秘密花园

{ Data }

阳台类型：开放型

面　　积：6.5m²

楼　　层：5楼

日　　照：中午过后才有直射阳光

主要植物：香草、多肉植物

设 计 者：主人

Sandra家顶楼的一南一北的大小阳台花园，是她生活中不可或缺的放松空间。喜爱在旅行中收集园艺素材和物品的她，当初参考了日本杂志的花园风格，请木工朋友依照想象中的蓝图规划，打造了木地板、围篱与层架。平面和墙面延伸的立体空间，让她能够在面积较大的北向阳台，尽情地玩花弄草。

相较于北向的阳台，南向的阳台虽然面积较小，但充沛的日照条件反而让这处小空间，一年到头都充满着旺盛的生机。仔细瞧，老旧生锈的缝纫机骨架，搭配或圆或方的陶盆；烛台的框架，也被巧妙地利用；墙上的花环，是多肉植物的表演舞台；摆在地上的大型组合盆栽，是草花和香草植物的世界。偶尔来个蔬菜混搭，就让这小阳台丰富而立体起来！

■Sandra偏爱各式多肉植物，但不一定每盆都种满，留点空间让小朋友扦插，为亲子之间提供最自然的互动。

■藤帽造型的陶盆，是Sandra的得意收藏品。

■有着高低层次的多肉植物组合盆栽，加上盛开中的花环，马上让角落活泼了起来！

{ POINT 1 } 动手玩组合盆栽

　　想要在空间不大的阳台里，营造出热闹而充满生气的花园，组合盆栽是最聪明的选择！运用造型盆器或铁丝提篮等，将照护方式相同的植物栽种在一起，就成了颜色缤纷的草花提篮和多肉植物推车。

■来点不一样的组合方式，将蔬菜和花草种在一起，有趣又实用。

{ POINT 2 } 壁面花环增加立体感

　　阳台花园中不只平面空间能摆放盆器，善用壁面和可悬挂空间，会让植物成为空间的焦点。将相同性质的植物移植到花园中，利用麻布和水苔的包覆，就成了方便照顾又美观的创意盆器。

{POINT 3} 善用生活素材

　　喜欢自己动手的Sandra，也具有化腐朽为神奇的魔法，许多家中淘汰不用的日常用品，被她拿到阳台又成为另一种可能。即便是椅子上的马赛克拼贴，也是用多年前被打破的花瓶碎片拼贴而成的。椅子成为了一个"有家的回忆"的物件。

■用空罐头来当花器，记得要先在底部钻洞，以免底部积水导致植物烂根。

■生锈的漏斗别急着扔掉，运用底端可通水的特性，直接插在花盆土壤中，就成了花盆里的小花园。

■椅面破损的木椅，是多肉植物的新家！

CASE 08

环保实用的家庭花园

{ Data }

阳台类型：开放型
面　　积：13m²
楼　　层：1楼
日　　照：全天都有日照，上午直射光
　　　　　线较强
主要植物：草花、水生、藤蔓植物
设 计 者：主人

从茂盛丰富的盆栽数来看，很难想象这是学种花才2~3年的人打理的阳台。阳台的主人说自己从小就喜欢亲近自然，有了自己的住所之后，就开始尝试种花，想不到这一种，引发了她的兴趣，种花时手被刮破了也不在意。

注重环保的她，认为花草和装饰素材不一定非要购买，邻近的郊区是她最喜欢的野花大本营。别人弃置的盆器和石头是她眼中的宝。就连就读小学的女儿，在路上见到枯萎而被丢弃的花草，也会带回来让她栽种，家中也因此多了好几盆妙手回春的盆栽呢！

■看着跑累的小狗，在木栈台上
　休息的模样，好不惬意。

■利用大型置物箱种蔬菜，是一种有
　趣的新尝试。

■花园后面架起可供遮阴的支架，除了
　可吊挂盆栽，底下也能栽种需要潮湿
　环境的植物。

{ POINT 1 } 在花园中间设立花坛

　　此花园格局方正，面积颇大，因此在规划上可以有较大的发挥。在整体空间的运用上，除了将周边的三面花台摆满，正中间用盆栽和花架组合成视觉焦点的花坛。这样的花园颇具设计感，走动和照顾起来的路线也相对顺畅，是一个处理大量盆栽的好方法。

{ POINT 2 } 畸零空间的运用

　　将大型的盆栽集中在空地，小品盆栽和可悬挂的藤蔓植物，就可以摆在玄关和侧边角落这类畸零空间中。在墙面钉上方格木架，把老旧的制物柜、捡拾回来的砖石作为花架，就能在小角落布置出一方热闹的花园。

■把小朋友坐的小板凳，拿出来作为花架，高度刚刚好。

■花园另一侧的木架上，栽种了蔓性十足的锦屏藤，垂下来的须根让此处犹如绿色走廊。

■墙面是组合盆栽和藤蔓植物的舞台，底下的花架则摆放了各式水栽和盆栽植物。

{POINT 3} 万用的扦插繁殖法

除了来自野外的花草，和爱好者之间互换种苗、剪枝条回家扦插，才是主人的栽种乐趣所在。从课程中得知扦插的奥秘之后，回家她也依样学样，起初怎么剪都失败，随着经验累积，她开始找到剪枝条位置、保存、去叶等诀窍，也让家中花草源源不断呢！

■剪下来的枝条必须适当去叶，以免水分流失。一个小动作可是成败的关键。

■对于扦插的种种细节，女主人一路摸索，现在几乎都能扦插成活呢！

{POINT 4} 古董老物成花器

仔细看花园中的盆栽，很少看到崭新的素烧陶盆或昂贵的花器，反倒可以发现几盆别致古老的瓷碗或材质各异的石器，搭配水生或小品盆栽，让人眼睛为之一亮。

■年代久远的瓷碗搭配绿草，有股说不出的静谧沉静。

南向阳台种花Q&A

##

南向阳台夏天阳光太强，一整天晒下来，植物很容易出现缺水现象，有什么方法能改善？

建议可将盆更换成较大的盆器、花槽来栽种。盆器大，栽培土量多，相对地含水量就多，较不会发生缺水的情形。使用保水力较强的介质来栽培，也可以改善缺水的情况。

Q2

南向阳台有充足的日照，适合种哪些香草植物？

大部分的香草植物性喜阳光，害怕潮湿的环境。因此，拥有向南的阳台，已经具备日照充足的优势，可以选择容易栽种的种类，如薄荷、鼠尾草、迷迭香或薰衣草等品种。要注意的是，香草植物喜欢强日光，同时也怕失水过度，尤其是叶片较薄的种类，必须适时补充水分。

Q3

听别人说扦插很容易，为什么在我家的南向阳台都很难成功？

扦插是阳台繁殖植物最常用的方法，通常在修剪的同时，将健康、带有两节的枝条剪下作为插穗，适当去除叶片或将叶片减半，减少水分的散失。在插穗插下，尚未发根前，最好保持高湿阴暗的环境，避免强烈日照。

Q4

位于顶楼的阳台，风势很大，要怎么判断什么时候该浇水？

A

基本上，浇水最好是以盆土干了一次浇透为原则，但随着四季的温度、阳光照射强烈程度的变化，浇水频率也略有差异。如大型盆栽较难正确判断盆土是否干燥，若采用素烧陶盆种植，只要水分过多就会慢慢渗出来，让盆外表摸起来湿湿凉凉的，有助于判断浇水是否过多。

Q5

阳台上的同一盆组合盆栽里，为什么有的植物会被蚜虫咬，有的又不会？

A

蚜虫应该都是被风吹到阳台盆栽上的。蚜虫"喜欢"的植物并不固定，往往是随机挑选。因此，同一盆组合盆栽中，有的植物被咬，有的没被咬，只是时机的问题。但叶面上密覆绒毛的植物，较不容易让蚜虫攀附侵袭。如果发现数量不多的蚜虫，可直接以湿毛笔去除，但若种植的盆栽数较密集，建议每周用肥皂水喷洒一次。

Q6

封闭型的南向阳台，通风和日照条件都较差，栽种的植物类型会不会因此受限？

封闭型阳台类似一个室内空间，只能靠窗户引进光线和保持良好通风，因此窗户的大小和位置很重要，会决定封闭型阳台的种植植物的类型。基本上，只要掌握靠近窗口的地方种植观花、多肉等全日照植物，离窗户远的种植半日照植物的原则，就比较不易出差错。

Q7

大家都说南向阳台适合种香草植物，但我怎么都种不好呢？

大多数的香草植物，除了需要充足日照之外，也喜欢较高温干燥的环境，如果阳台的湿度太高，则不利于香草植物生长。此外，在夏季高温日照强烈的情形下，薰衣草、鼠尾草等植物会明显生长不好，此时应将盆栽移到凉爽的遮阴处，并修剪枯枝。

Q8

喜欢用木头材质盆器，但又怕发霉，有什么改善的方法吗？

如果要将植物直接种进木质盆器，建议选取不需太常浇水的多肉或观叶植物，同时使用排水性、透气性良好的石类介质，如发泡炼石、珍珠石等，以避免水分积留在盆底，减少木质盆器发霉的可能。

Q9

想尝试在南向阳台种组合盆栽，喜欢会开花的植物，但又怕配色不好看，有什么诀窍吗？

A

配色的学问可深可浅，其实仅根据个人的主观美感，并无所谓的对错问题，只要掌握几项基本原则，就不必害怕配出来的效果不好。一般，可将花色分为红、黄、蓝、紫等色系，每种色系又有深浅程度不一的花色。组合盆栽时，可先挑选同色系的植物，再以三角形的位置来摆放，这是最保险的搭配。等到颜色的敏锐度提高了，可再试着加入其他色系的花色，展现自己的风格。

Q10

自己做了一个草花花环，为什么放在南向阳台中没多久，就出现枯萎的现象？

A

花环可以按照自己的想象，编织成各式形状，这是其吸引人之处，换个角度来说，也因为不规则的形状，必须更加细心维护。南向阳台日照强烈，特别是夏季，因此对于草花来说最好每天浇水两次，浇水时必须注意花环的内、外两侧都要浇到。常见的问题就是只从表面浇，水分顺着圆弧状流失，并没有真正浇进介质中，植物自然会有缺水的现象。

PART 3

北向阳台

北向阳台的日照条件，是4个朝向中最不利的，但可以通过技巧性地挑选植物，挑战在严苛的环境下，成功打造富有创意的阳台花园。

北向阳台环境解析

北向阳台在4个阳台朝向中，日照条件最差，也最容易遭受强风影响，其整体的先天环境，对栽种植物会有一定的限制，必须花费一定的精力选取植物种类并照料之。

日照条件

全天几乎没有直射阳光，在阳台没有遮蔽的情况下，也仅有散射光线，这对于栽种的植物来说仍嫌不足。此外，冬天还会有强烈的寒风侵袭，对于娇弱不耐风的植物来说，是极为不利的栽种环境。

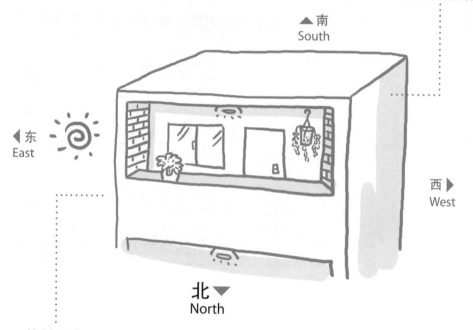

▲ 南
South

◀ 东
East

西 ▶
West

北 ▼
North

栽培要领

由于北向阳台日照条件差，栽培以需光量少的耐阴植物为佳，如苦苣苔科的盆花、国兰、拖鞋兰及观叶植物等，较难栽种一般常见的开花植物。

冬季时，可以明显感受到风势较强，必须注意盆栽是否快速失水，调整浇水的次数。当寒流来袭时，也容易出现失温的情形，必须适时将盆栽移入室内或加强保温措施。

适合耐阴、抗风植物

观叶类

名称：合果芋（天南星科）
习性：喜欢多湿的环境，必须适时修剪枝条。
水分：水养或盆栽，多浇水。
土壤：疏松肥沃、排水良好的微酸性土壤。
花期：夏秋季

名称：鸟巢蕨（铁角蕨科）
习性：性喜潮湿，耐阴性强。
水分：多喷叶面，浇水必浇透。
土壤：泥炭土或腐叶土。
花期：四季观叶

名称：铁线蕨（铁线蕨科）
习性：喜欢潮湿而通风的环境。
水分：充分浇水，植株周围洒水。
土壤：腐殖土或泥炭土，加少量河沙和基肥混配而成的培养土。
花期：四季观叶

藤蔓类

名称：蔓绿绒（天南星科）
习性：非常耐阴。
水分：保持土壤湿润，干燥时向植株喷水，或水养。
土壤：富含腐殖质，排水良好的砂质土壤。
花期：四季观叶

名称：莱姆黄金葛（天南星科）
习性：喜欢多湿的环境，耐阴。
水分：水养或湿润盆栽，叶面喷水。
土壤：湿润的混合培养土。
花期：四季观叶

名称：薜荔（桑科）
习性：耐阴喜高温。
水分：生长期充分浇水。
土壤：湿润土壤。
花期：春季

草花类

名称：非洲堇（苦苣苔科）
习性：喜冷凉气候及高湿度的环境。
水分：土表干了再浇。高湿度环境有利于生长。
土壤：透气良好的土壤，可使用培养土。
花期：全年，盛花期为春、秋两季。

名称：玉唇花（苦苣苔科）
习性：耐阴，光线越充足开花越好，忌强烈直射光。
水分：土表微干后，一次浇透。
土壤：宜选排水性佳的栽培介质，可以栽培土混合珍珠石、蛭石。
花期：全年，盛花期为春、夏两季。

名称：仙履兰（兰科）
习性：性喜半日照和通风良好的环境。
水分：时刻保持湿润或水养。
土壤：一般都是无土栽培，用珍珠岩和煤渣各一半相混合，加以无土栽培营养液。
花期：春季

CASE 01

闹区里的独立花园

{ Data }

阳台类型：开放型

面　　积：6.5m²

楼　　层：2楼

日　　照：全天有阳光，但没有直射
　　　　　的光线

主要植物：观叶植物

设 计 者：秋芙蓉园艺社·高有恒

这是旧式的住宅，新整理过的阳台，其实是将阳台原有的女儿墙拆除，重新以不锈钢框架加强，再定制一面高于原女儿墙的南方松木墙，阻绝外围环境的杂乱，让视觉净空，拥有独立、清爽的居家感。

阳台的地板平行于客厅的窗台，窗台其实也是收纳柜，同时具有坐椅的功能。站在客厅往阳台观望，绿意盎然。因为阳台坐向是朝北，所以种植时舍弃观花的草花类，尽量挑选一些观叶类植物，如变叶木、斑叶鹅掌藤、百合竹、金边百合竹、火鹤花等。由于叶片颜色变化丰富，缤纷的叶色不亚于花朵，达到实用又好看的效果。

■阳台外围重新加固，在南方松木板之外，增加了不锈钢框架。

■原有的旧花台，表面以抿石子方式重新处理，焕然一新。

■原木刻凿的花器，栽种斑叶鹅掌藤，作为阳台的焦点盆栽。

{ POINT 1 } 遮蔽外面杂乱环境

大凡都市的公寓或大楼住宅，除高楼层有较好的景观以外，只要是低的楼层，从阳台看出去的外围景观通常都是凌乱的。遇到这样的情形，只好自行增设遮蔽物。南方松是经过防腐处理的户外专用木材，近年来极受欢迎，从地板、花架、隔板到木墙……都可使用，在这个阳台中，得到了很好的应用。

■阳台上加高的南方松墙，可以遮蔽外面杂乱的环境。

■客厅外的阳台，因为有遮蔽墙，而成为一个独立的花园。

{ POINT 2 } 在阳台合理设置照明

阳台地板装设嵌入式户外照明灯，花台里的植栽之间，也装设投射式庭园灯。适当、柔和的夜间照明，使得晚上也可以看到阳台的植物，是另外一种欣赏花卉的方式，也可以提高阳台的使用率。

■藏身在花台里的投射式庭园灯，可以让阳台色调更柔和。

■嵌在木地板的照明灯，实用性强。

{POINT 3} 省空间好整理的吊盆

为了让阳台能够显得干净，无压迫感，可将阳台尽量清空，植物都靠边或以吊盆方式栽种。吊挂在南方松木墙上的吊盆，让绿意布满阳台。斑叶鹅掌柴属于五加科常绿灌木，常作为室内观叶盆栽，生长快，可作吊盆应用；其掌状复叶，叶片革质有光泽，全日照、半日照均可，耐阴、耐旱又耐湿，且抗污染、抗强风，相当适合北向阳台栽植。

■斑叶鹅掌柴在过于阴暗处，因为缺乏日照，会长出绿色叶片，失去斑叶的特征。

■部分植栽尽量利用吊盆，不但好整理，也节省空间。

CASE 02

迷你小阳台为生活加分

{ Data }

阳台类型：封闭型

面　　积：3.5m²

楼　　层：4楼

日　　照：下午有阳光

主要植物：室内观叶植物

设 计 者：大汉设计工程有限公司·
　　　　　徐世莘

这个只有3.5m²大的阳台，位于四楼，因为是朝北，光照不会很强，加上空间小，所以整个空间刻意采用白色调。白色可以反光，有助于增强白天的阳光照射，为植物多争取一些生长所需的光照。

封闭型阳台，无异于就是个房间，因此设计者首先将阳台改造成一个可以阅读、休闲的生活空间。不占空间的白色层板，既可以是简单的桌面，也可以是书架、花架。加上一个高脚椅，更添休闲感。最重要的是植物盆栽，由于朝北阳台的光线较少，选种观叶类、兰花类植物非常合适。整个阳台在植物进驻之后，有种焕然一新的活力。

■层板上摆设盆栽、饰品、小物，加上小挂画，让整个空间变得很生活化。

■蛤蟆秋海棠耐阴性很强，盛夏时最喜欢朝北的窗口，冬季低温有时会进入休眠期。

■星点木喜欢高温、多湿的环境，耐阴又耐旱，生长缓慢，非常适合朝北的阳台。

■利用一面大明镜，扩大视觉空间感。

{POINT 1} 落地植栽的绿色魔法

虽然这是朝北的阳台，但幸运的是，采光窗户是落地型的大窗。晴天的时候，充足的散射光，给植物提供合适的光照，只要慎选植物种类，就能够绿意满满。一棵地上摆放的观音棕竹盆栽，看起来有型又有分量，让小阳台充满绿意。观音棕竹的掌状裂叶，不至于遮蔽、阻挡光线，加上喜欢高温多湿，又耐寒、耐阴，再适合这个阳台不过了。

■落地的观音棕竹盆栽，营造大型植栽的印象。

{POINT 2} 善用斑叶品种布置空间

斑叶球兰属于多年生草本植物，叶片肉质肥厚，所以耐旱，有绿叶、斑叶、卷叶或菱形叶等不同品种，茎具有蔓生性，是很好的吊盆植物，其生性强健，可以适应凉爽至温暖的生长环境，喜欢肥沃且排水良好的腐殖土。球兰非常适合放在室内明亮处栽培，但必须避免阳光直接照射，以免灼伤叶片。

■斑叶球兰吊盆，喜欢柔和的散射光，很适合栽种在这个散射光充足的阳台。

{POINT 3} 盆栽是小阳台的首选

　　盆栽的优点是容易维护，也方便更新植栽，可以随四季更换花草。可利用层板摆放小型盆栽：蔓生性的斑叶常春藤放在高位置的层板上，中型的黛粉叶、波士顿肾蕨盆栽则落地放置，还可利用鸟笼来"栽种"充气凤梨。运用各式各样的盆栽，搭配风格饰品，让小空间有变化，充满绿意的氛围。

■落地摆放的黛粉叶盆栽。

■鸟笼放置趣味的充气凤梨，很有装饰效果。

■蔓生性的斑叶常春藤摆在层架上，枝叶蔓延垂下，绿意盎然。

CASE **03**

阳台变身独立花园

{ Data }

阳台类型：开放型
面　　积：20m²
楼　　层：2楼
日　　照：全天有散射阳光
主要植物：草花、香草植物与观赏树木
设 计 者：奸逸园艺有限公司·陈忆珍

这是独栋透天住宅，一楼是车库，二楼阳台是客厅大门出入处。阳台虽然是朝北偏西的坐向，但是因为是开放型，所以整天都有日照，植物可以生长良好。女主人平时很喜欢种植花草，希望整个阳台重新改造之后，能够呈现花草缤纷的乡村风花园样貌。

设计者采用耐火砖作为主元素，搭配枕木以及一些乡村风格的配件、饰品等，表现明显的乡村风格。将旧花台拆除，全部以耐火砖重新砌过。入口的位置是花台连着一面小墙，小墙有屏风功能，让阳台空间有变化。经过屏风小墙，有一种走入小径的感觉，当主人由内向外看时，视觉上有了遮蔽，却又若隐若现，花木扶疏，真是恰到好处。

■利用黑姑娘、肾叶堇点缀花台弯角处。

■原有的地砖铺面太单调，因此将台阶处的铺面重整，以板岩石片重砌，改变台阶处的铺面质感。

■将原有墙面的上部重整，另外加砌不同颜色、材质的石片，营造装饰效果。同时在墙上刻意留一个方形的洞，可以摆饰盆栽，让单调的墙面产生变化。

■为了让耐火砖的砌面有变化，将部分耐火砖面事先敲破，使其产生粗糙的面，就会让整个砌面更有变化及质感。

■朝北的阳台，会有较大的风，所以女儿墙上的铁栏杆外，加钉南方松木板，以阻挡强风吹袭，女儿墙上就可以放置盆栽点缀了。

{ POINT 1 } 风格元素强调氛围

　　由外向内看，开放型阳台已经变成一个独立的花园。小径曲折，有令人想一探究竟的神秘感。客厅大门处，一边以高而直立的枕木作为装饰性墙面，既是风格元素，也有遮蔽作用，还可以吊挂盆栽。另一边则只是一段低矮的枕木，与高的枕木相呼应，强调大门的意象。矮的枕木也一样可以吊挂盆栽、美化门面，一举数得。

■以枕木强调主题风格，且加强大门的意象。

■落地水槽与花台融为一体，方便浇花、清洗，又好看。

{ POINT 2 } 落地水槽兼具装饰功能

　　花园维护的主要内容就是浇花，因此，水龙头、水槽都是必要的，设置时，最好同时考虑到实用及美感。此处的落地水槽，是预先设计好的，所以在砌花台的时候就一起施工，水槽以耐火砖、枕木、"巧克力"扁石打造，还装有造型水龙头、照明灯，好看又好用。

{POINT 3} 应用盆栽装饰空间

　　虽然是一个20m²的阳台，有部分客土直接用来栽种植物，但是一部分的花卉植物，还是利用盆栽种植，让阳台花园的空间更有变化。小盆栽，中、大型落地盆栽，高架盆栽，自由搭配运用，不但容易照顾维护，即使需要更新也很方便，可以一年四季呈现花繁叶茂，供人自在赏花观叶。

■墙面上摆放或吊挂盆栽，
　装饰效果很好。

■女儿墙上的平台，也可
　以放置中小型盆栽。

CASE 04

在阳台荡秋千

{ Data }

阳台类型：开放型

面　　积：5m^2

楼　　层：12楼

日　　照：全天都有散射阳光

主要植物：多肉、观叶、草花植物

设 计 者：玕忆园艺有限公司·陈忆珍

　　拥有一个可以安静坐下来、观赏风景的花园，是许多人对于美好家园的梦想。花园不是只有大庭院才可拥有，也不是非得坐拥百坪的豪宅才能有。公寓楼层的小阳台，也能让你荡着秋千，坐看户外美景！

　　这个面北的阳台，因为毫无遮蔽物，视觉开阔舒适。设计者贴心地以秋千椅为主体，打造出的休闲角落，在白色墙面的衬托下，自然散发一股惬意的悠闲气息。屋主没太多的时间管理阳台花园，设计者多挑选耐种好照顾的多肉、观叶植物，搭配些许季节性草花，点缀出活泼的氛围。此外，因北向阳台冬季风较大，拥有另一侧南向阳台的屋主，也会适时将盆栽互换，帮助植物越冬。

■把各式奇特的多肉植物，组合在船形盆器中，自成壮观的气势。

■易种又易开花的繁星花，很适合栽种在环境较差的北向阳台。

■小陶盆栽种的多肉植物和金玉菊，也正在角落玩翘翘板呢！

■适当在墙面吊挂盆花，可让空间更多元。

{ POINT 1 } 打造休闲氛围

对于喜欢有植物陪伴的屋主来说，阳台最大的功能在于能转换心情，或是招待三五好友小坐。因此，设置休闲桌椅和足够的走动空间，是阳台设计的第一步。设计者大胆使用了梦幻的秋千木椅，搭配乡村风浓厚的铁椅，成就了可谈天、赏景的区域。同时，在壁面和角落设置几处烛台，让夜晚的阳台更有浪漫情调。

■紧邻落地窗的阳台，是屋主另一个可以放松呼吸的小天地。

■隐身在盆栽之间的烛台，为夜晚的气氛增色不少。

{ POINT 2 } 善用盆器资材

　　乡村风阳台的设计中，一定少不了大量的装饰资材和把杂物转化为盆器的创意点子，这也是许多园艺爱好者乐此不疲的原因。但喜爱乡村风者，往往容易过度演化，而将太多色彩浓重或不同材质的盆器，全使用在阳台中，这样就会流于夸张而混杂。因此，适当地使用杂物盆器和谨慎的事前规划，才能保证乡村风的美感。

■有如浇水壶的盆器，种上向四周生长的多肉植物，有种说不出的可爱。

■植栽搭配浅色盆器，会有画龙点睛的效果。

■把四格工具柜当成小盆栽的栖身之地，竟然有意想不到的协调感。

CASE **05**

山林野味的水景阳台

{ **Data** }

阳台类型：2、3楼开放型，5楼封闭型
面　　积：6.5~10m²
楼　　层：2、3、5楼
日　　照：上午有散射阳光
主要植物：观叶、水生植物
设 计 者：崧荃造景艺术·廖煌武

　　来到独栋别墅，拾级而上，欣赏客厅外侧的水景阳台。在水茄冬的展叶招呼下，水池里的风车草也大方地露出倒影，在早晨的阳光照射下，显得格外悠静。

　　面北的阳台日照较少，但因应屋主没有时间照顾植物，设计者故以山林野味的概念为主轴，融合了生态池和石材，在2、3楼的长形阳台运用大量观叶、木本、水生植物，为家中增添绿颜色。

　　位于顶楼的封闭式阳台，是在屋主喜爱绿意环境的要求下，利用可透光的天花板，引进足够的光线而打造的一方小花园。小花园在不到一人宽的空间里，也同样延续水池的设计，并栽种耐阴植物。如此，就能在融入住家功能空间的同时，也不需耗费过多的精力去照顾小花园。

■水池中大小不一的石块，搭配刚抽新芽的水仙，别有一番野趣。

■顶楼的阳台花园，面积虽小却绿意盎然。

■3楼主人房外的阳台，利用串钱柳和马蹄花作为视觉主题。

{POINT **1**} 石材的野趣妙用

　　对于想在阳台营造出山林或禅风味的屋主来说，石材可说是最好的素材。不管是大块石板、卵石还是石制盆器，都具有不怕潮湿、耐用易清理的特性，搭配在水景中，也不会有损坏的问题，同时又具有独特的山野趣味，兼具有实用与风格的优势。此外，运用在水景中的石材，时间长了，会自然生青苔，欣赏附青苔的石块，别有韵味。

■（左图）稳重的石制盆器和嫩绿细叶，呈现有趣的对比。

■（右图）青苔附石的小景，是水景阳台才有的乐趣。

■一块石板，搭配水生植物和潺潺流水，造就了宁静悠远的阳台花园。

{POINT 2} 选对室内耐阴植物

在阳台栽种环境不理想的情况下，还是可以打造出色的花园，关键在于挑选理想的耐阴观叶植物。位于顶楼的室内阳台，虽然透光天花板引进了光线，但在植物的选择上，仍以扇叶轴榈、越橘叶蔓榕、山苏、棒叶虎尾兰等耐阴品种，搭配木板上蔓生的蒜香藤，营造野林多变的层次感。这说明，只要善用不同姿态和属性的植物，没有开花植物，也能营造出另一种花园的景观。

■叶形奔放的扇叶轴榈，是室内阳台的整体主角。

■具匍匐特性的越橘叶蔓榕，栽种在石器水池旁，形成天然的绿帘。

■枝叶细小娇柔的文竹，就算点缀在角落，也依然引人注目。

CASE 06

乡村风的手作阳台

{ Data }

阳台类型：开放型
面　　积：3.3~6.6m²
楼　　层：2楼
日　　照：下午有4~6小时的散射阳光
主要植物：多肉植物
设 计 者：主人

该阳台是连接客厅与屋外的一狭长形小空间，由于主人希望可以在此拥有一个可爱的乡村手工制作私人空间，因此在改造阳台时，就尽可能地利用手边的资材。装修后剩下的夹板、箱子，或是别人丢弃的旧椅子、旧抽屉，经过改造，就可放置一些小盆栽！

喜欢做些小手工的主人，在阳台也布置许多DIY的作品，一来是当做展示手工艺品的空间，二来是向北阳台因阳光不足，而只能种些喜阴的观叶植物，所以主人就利用所做的工艺品来增加阳台的色彩。

■用拉菲草把小型工具挂起来，点缀少许色彩活泼的缎带，就成了简易的墙面装饰。

■主人着迷于乡村风的复古风格，就连花器也自行打造，还将木板彩绘成可爱的兔子。

■在阳台日光不足的情况下，为盆栽加上自制花插，可以让阳台更有朝气。

{ POINT 1 } 盆栽高低摆放增加丰富度

　　狭长形的阳台虽然不好发挥，但在左右两边的墙角，运用素材打造出高低不一的盆器架，并在墙面上垂挂植物，让整体视觉效果马上丰富起来。大胆以多肉植物搭配陶瓷、不规则的高瓶身花器等，赋予其不同的姿态与美感。

■利用盆器的高低落差，让阳台空间更有层次。

{ POINT 2 } 出外寻宝的旧物变身

　　主人经常会留意路上有无被丢弃的旧家具。一些木箱、桌椅，只是因为过于老旧而被淘汰，从中挑选可用的部分，拿回家改造成超值又具格调的作品，是她最得意也最享受的过程。阳台上的盆栽置物架，就是主人收集的木抽屉，经过上层板、油漆之后，拥有了手感十足的新面貌。

■（右图）小木箱放一盆茂密的冷水花，就是一幅阳台小风景。
■（左图）把木抽屉钉在墙面，就成为好用又环保的花架。

{POINT 3} 发现创意盆器

　　谁说盆器一定要大、要贵才会美？按照不同阳台的风格，寻找适当的盆器，才是DIY的乐趣所在。嫌塑料盆不好看，可换用藤编提篮，就有了自然素材的风格。嫌阳台颜色不够丰富，可把小盆的小植栽移植到颜色多变的小型浇水壶中，排成一列，整齐又热闹。花点巧思为盆栽换装，让人和花草共同拥有好心情。

■利用黄金葛好照顾、可水养的特性，直接种在排排站的试管内。有趣的摆放方式让人眼前为之一亮。

CASE 07

怀旧杂货风阳台

{ **Data** }

阳台类型：封闭型

面　　积：10m²

楼　　层：4楼

日　　照：下午才有散射阳光

主要植物：观叶植物

设 计 者：主人

　　狭长形的老式公寓阳台，由于装有铝窗和面北的坐向，种花条件较受限制。但是主人想在家种花种草的念头不会因此打折扣。就现有的条件，还是可以布置一个理想的阳台花园，每天不出门就能享受自然绿意。

　　先将原本厚重的黑色铝窗框，漆上轻盈的白色，搭配墙面的水蓝色，严肃呆板的空间马上有了柔和的气氛。地板也换成拼装木地板，整个空间就有了基本的调性，宁静而清爽。在日照有限的栽种环境下，主要以观叶植物为主，刚好可以搭配平时捡拾的杂物，让翠绿的观叶植物也因此更有表情。

　　改造完的阳台摆满了主人的收藏品，虽然没有缤纷的花色，但这样悠静又有生活感的阳台花园，一样让人沉溺其中，是每天都要待上一会儿的秘密空间！

■将平时小心保留的落叶，一一串起，就是一片有着四季味道的绿帘。

■先天环境不适合栽种开花植物，不如就用切花来补偿一下吧。

■长排的铝窗，也吊挂着小型的悬垂盆栽，让墙面看起来更活泼。

■食品材料店买来的器皿，也可以是干果落叶的家。

{ POINT 1 } 沿着墙面布置物件

　　在狭长的阳台空间里布置物件，可以先从墙边开始摆设，利用红酒木箱或几把椅子、小花架，分列成高高低低的区域，让整体的层次分明，又不会占据太多空间。布置时可先预留大型物件的位置，陆续加入小型物件，等到摆设位置都确定了，就能将植栽一一定位。

{ POINT 2 } 角落制造立体层次

　　别忘了阳台边角的墙面也是一个独立的空间。只要好好应用一番，从上到下依照由轻到重摆设的原则，如上层钉层板，木箱放中间，桌子当平台，甚至可以加入有着曲线的树干，形成一个自然而舒适感十足的小角落。

■木箱里面和上面的空间，都还可以放置小品盆花。

{POINT 3} 选择适宜的植物

　　阳台虽然面北，但午后有来自侧边的斜阳照射，让阳台西侧的光线颇充足，因此在选择植物时，主要还是以观叶植物为主。一些开花植物和需光性强的多肉植物，就必须往阳台西侧摆放，才有充足的光照。

■下午阳光洒落在盆花和木地板上，让猫咪和主人都想与花草游戏。

■在一片绿意中，干果与红叶发出大自然的气息。

{POINT 4} 杂物派上场

　　喜欢收集小东西的主人，趁着阳台改造的机会，搬出好多收集已久的玻璃瓶罐、铁盘，这类素材不管是当作装饰摆设，或是配合切花、干果、多肉植物，都会有意想不到的效果，尤其与其他盆器搭配起来，就会变成桌上的一幅好风景。

■绿色玻璃瓶，是干果和切花的天然搭档。

■红酒木箱与层板简单组合一下，就是好用的活动式层架。

北向阳台种花 Q&A

Q1

北向的阳台是不是适合栽种水生植物？需要特别注意什么？

A

的确，光照条件较差的北向阳台，可选择需光性不强的水生植物栽种。如风车草、佛手芋、水鳖、木贼等，它们适应力强又好照顾。如果是采用生态池的栽种方式，最好保持池水的流动状态，就不会有绿藻过度生长的问题。注意，盆水栽种应定期换水并清理。

Q2

家里的边间阳台面北，想栽种大树，但又怕风太大，有什么预防措施吗？

A

北向的阳台没有足够的直射光，加上边间位置容易有突来的强风，一般不建议栽种大树。但如果还是想试试看，则必须选择健壮的树苗，种在两面墙之间的角落，减少风的侵袭，且初期最好以竹竿或绳索固定树苗，待根系发达了再移开固定物。

Q3

听设计师说把墙面漆成白色，可以增加光照程度，是真的吗？

A

白色的确具有反光的效果。将墙面漆成白色，可以增强阳台的光照，对植物的生长有帮助，且将阳台墙面漆成白色，还能为整体设计风格定调，同时还具有放大空间感的视觉效果。

Q4

在面北的阳台种了蓝草与钮扣藤，调整摆放位置以后，出现大量落叶及干枯，为什么会这样？

A

蓝草与钮扣藤都是喜好半日照与潮湿环境的植物，栽种在没有直射光线的北向阳台，应该很适合。盆栽出现大量落叶及枯枝的原因，有可能是天气太干冷，让需水性强的蓝草与钮扣藤过度失水而萎黄；或是照顾时浇水不当，不管是浇水过于频繁还是不足，都会导致出现落叶和枯枝。

Q5

喜欢五彩千年木的叶色，栽种在家中的北向阳台后，为什么叶子的颜色愈来愈淡？

A

五彩千年木是叶色鲜艳的观叶植物，需要全日照到半日照的生长环境。北向阳台的日照条件不佳，如果阳台前面有遮蔽物，光照更不足，对于需光性强的五彩千年木，就会产生叶片掉落、色彩消退的现象。因此，建议将其移至明亮处，才能恢复美丽的叶色。

Q6

在家中的北向阳台，栽种了一盆蝴蝶兰，需要特别架设小灯补充光线吗？

A

蝴蝶兰适应的大约是半日照的环境，适合放在明亮、通风良好的场所，应避免烈日曝晒，否则叶片容易灼伤。因此，在毫无遮蔽物的北向阳台栽种，散射与折射光线充足，并不需要特别补充光线，倒是须注意不要过度浇水，等介质干了再浇水，并且保持通风。

Q7

种在东北向阳台的大岩桐，原本都好好的，为什么夏天时叶片却变成黄色？

大岩桐性喜高温多湿的环境，只要有明亮的散射光即可，过强的光照容易抑制其生长。东北向的阳台，夏季的上午会有部分直射光照，伴随强光和高温，会让大岩桐生长衰弱，叶片呈现萎软黄化的现象。此时，应将盆栽移至没有直射光的遮敞处，并用水喷洒阳台保持高湿度。

Q8

有人建议北向阳台可在女儿墙上面钉木板挡风，真的可行吗？

A

在女儿墙上面钉木板，对于防风的功效当然会有，但是相对也会减弱光线，使得原本日照就不多的北向阳台，显得更阴。因此，必须根据光线减弱是否影响栽种的植物，来考虑其中的得失利弊。

Q9

家里只有北向阳台，又很想种多肉植物，有没有什么方法提高成功率？

A

大多数的多肉植物，都需要全日照的栽种环境。北向阳台没有此项优势，可筛选一些半日照环境也能生长的多肉植物，如鹰爪草、十二卷等百合科的多肉植物，并选用排水良好的介质来栽种。这样，在北向阳台也能将多肉植物种得很漂亮。

Q10

很喜欢看青苔的姿态，可以在家里实现吗？

A

青苔多被运用于装饰，但真正要养青苔也需要一些技巧呢。对于新手来说，可先购买现成的青苔，养在透气性强的素烧陶盆，保持适当的日照和湿度。青苔生长速度缓慢，需要多些耐心。

PART 4

东向阳台

东向阳台其实在没有遮蔽物的情况下，所拥有的光照条件并不会逊于其他朝向的阳台，只要发挥得当，也能打造出漂亮的阳台花园。

东向阳台环境解析

CASE1　享受生活片刻的木作阳台

CASE2　真正生活的园艺空间

东向阳台种花 Q&A

东向阳台环境解析

可以看见太阳升起的东向阳台，拥有一整个上午的日照条件，冬季略受风势影响，以栽培条件来看还不算太差。只要选对植物类别，东向阳台也是花草的表演舞台。

日照条件

东向阳台属于半日照的环境，日照温和，主要集中在上午，约有4~5小时，中午过后只有非直射光线。夏天又比冬天的光照强一些，盆栽位置需要略为调整。

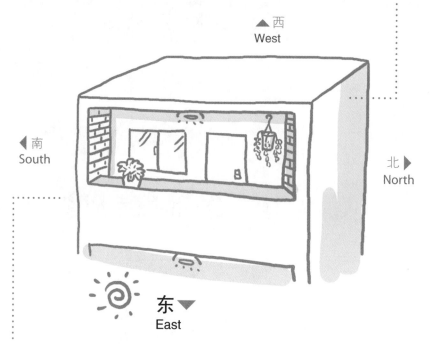

▲西
West

◀南
South

北▶
North

东▼
East

栽培要领

半日照的环境适合栽种短日照和稍耐阴的植物，也可以栽种全日照植物，只是在开花数和艳丽程度会稍差一些，可以试着栽种。此外，东向阳台水分蒸发不如西向阳台大，因此，害怕失水、叶较细的盆花，很适合栽种在此朝向的阳台。

适合中性、稍耐阴植物

草 花 类

名称：夏堇（玄参科）
习性：在全日照和半日照环境皆可生长良好，不耐旱。
水分：浇透，保持湿润。
土壤：湿润而排水良好的壤土。
花期：夏秋两季

名称：大岩桐（苦苣苔科）
习性：喜欢高温多湿的环境和明亮的散射光。
水分：根据花盆干湿度，每天1~2次。
土壤：常用腐叶土、粗沙和蛭石的混合基质。
花期：春秋两季

名称：非洲凤仙花（凤仙花科）
习性：全日照、半日照皆可生长良好，忌夏季暴晒。
水分：盆土保持湿润，但不积水。
土壤：宜用疏松、肥沃和排水良好的腐叶土或泥炭土。
花期：夏季

吊 盆 类

名称：常春藤（五加科）
习性：喜欢阴凉的环境，忌强烈直射光。
水分：浇透，保持湿润。
土壤：疏松、湿润的砂质土壤。
花期：四季观叶

名称：口红花（苦苣苔科）
习性：喜欢明亮有散射光的半日照环境。
水分：待土表干了再浇水。
土壤：以疏松肥沃的砂质壤土为佳，排水力求良好。
花期：春季

名称：鲸鱼花（苦苣苔科）
习性：喜欢明亮的光线或温和的直射光。
水分：土表干时浇透水，可常向叶面喷水，冬季减少浇水。
土壤：疏松、肥沃、排水良好的砂质壤土。
花期：夏季至翌年春季

观 叶 类

名称：彩叶草（唇形科）
习性：需光性强，半日照的充足光线可生长良好。
水分：夏季要充足供水，并经常向叶面喷水，保持一定的空气湿度。
土壤：要求土壤疏松肥沃，一般园土即可。
花期：四季观叶

名称：圆叶洋苋（苋科）
习性：生性强健，可耐阴湿，喜欢半日照或具遮阴的环境。
水分：春至夏季需水多，水分补给要充足。
土壤：栽培以排水良好的湿润腐殖质壤土最佳。
花期：四季观叶

名称：玲珑冷水花（荨麻科）
习性：喜欢高温多湿，有明亮散射光的环境。
水分：保持湿润，但不可给水过多。
土壤：排水良好的介质。
花期：四季观叶

CASE 01

享受生活片刻的木作阳台

{ Data }

阳台类型：开放型

面　　积：10m²

楼　　层：4楼

日　　照：上午才有直射阳光

主要植物：草花、香草植物

设　计　者：主人

CAFÉ DO BRASIL

老公寓的阳台，往往属于狭长形，但是经过木作和植栽搭配的设计，也能改造为惬意的小花园。这个阳台，属于水泥和铝窗构成的传统阳台。经过详细的规划，在朋友们的协作之下，利用木板铺花台、钉墙面，遮盖住灰白的水泥墙面。为了让空间颜色较丰富，还将木板墙面粉刷成米白色，和另一侧的木板原色、地板褐色相对映，形成协调又舒适的视觉感。

接下来为植栽定位，这也是改造阳台最有趣的发挥创意！仔细看，层板上的小品观叶植物，搭配着陶杯，植栽的表情也因此生动了起来；平铺在陶盘里的多肉植物，极像一盘绿色蛋糕，诱人又讨喜；旧藤篮上漆，就成了另一种风格的组合盆器……种种极富玩心的巧思，布置出错落有序的扶疏绿意，也让原本毫无生气的空间，蜕变为柔美温暖的角落。

■利用马赛克砖拼贴小桌面，在花台上享受被绿意包围的自在时光。

■善用层板和花架，就能轻松在小空间营造出花绿扶疏的整体效果。

■将生活中常见的容器，拿来作为花器会有意想不到的惊喜喔！

■老公寓特有的窗台，是花草最好的展示区，与木椅一高一低搭配，形成阳台上静逸的风景。

{POINT 1} 层板让墙面活起来

　　墙面是阳台的一大重点，市面上有许多花架和篱笆的素材，都具有让阳台空间放大、延伸的效果。其实，如果自己改造阳台，想达到同样的效果，最简单的方式就是活用层板。安排适当位置的层板，除了可摆放盆栽，还能营造出层次有序的立体感，增加阳台活泼的气氛。

■（左图）收纳柜、层板和花环经过设计，呈现出一种协调又热闹的景象。

■（右图）白墙上的层板是小盆栽的展示平台，装咖啡的麻布袋也是墙面上的装饰素材。

{POINT 2} 打造休闲平台

　　阳台是花草盆栽的展示空间，主人还特意在木板搭建起来的花台上，预留适当大小的活用桌面，桌面上随兴摆放着茉莉花和透明水杯。绿意环抱的小世界里，有着一个人看书喝茶的惬意，也能让三五好友轻松聊天，尽情享受生活。

{POINT 3} 小品盆栽的魅力

　　仔细观察阳台，会发现小盆栽的数量远比一般阳台的多。用小盆栽取代中、大型盆栽的优点，在于可轻松营造出缤纷绿意，加上小盆栽和生活器皿可自由搭配，跳脱了一般盆器的限制，玩乐的创意更容易成为注目焦点。针对部分中型盆栽，主人也会动手打造组合盆栽，将香草植物搭配季节性草花或木本植物，让阳台每一季都有新的面貌。

■陶艺是主人的兴趣，将作品放到阳台，让它们变成花草的栖身之地，植栽的表情也跟着富有气质了！

■（左图）用小木箱盛装多肉植物的小品盆栽，将它们随意放在香草植物的组合盆栽旁，达成了桌上多层次的绿意。

■（右图）水生植物不一定要种成一大盆。利用浅盘摆放各式不同大小的容器，让植物自由伸层茎叶，有一种随性的变化趣味。

CASE **02**

真正生活的园艺空间

{ Data }

阳台类型：开放型

面　　积：3~7m²

楼　　层：9楼

日　　照：上午有直射光线，下午只
有散射光线

主要植物：观叶、香草、草花植物

设计者：主人

　　从小就向往能够拥有自己的阳台或庭园，主人在不到7m²的阳台空间，终于实践了这个梦想。她喜欢自行设计阳台，运用20余年的插花经验，和参访过英国、日本、新西兰等国的庭园阅历，为自己量身打造出自然又生活化的英式乡村风阳台。她强调园艺应该是让生活其中的人亲近，而非刻意的表演，因此，看过她的阳台，就会惊讶于小空间能够种植这么多盆栽，又呈现舒适的柔和感。

　　阳台，是她每天上班前会停留片刻、汲取植物活力的地方，也是下班后或朋友来访时，可以直接采摘香草植物泡茶、消除一天疲惫之处，是生活中最重要的居家空间。

■在大型的使君子盆栽表土铺上树皮和青苔，顺手放上几块小石砖，让盆栽有如缩小版的庭园。

■用捡回来的枯枝木段编成的木椅，就是最富自然气息的盆器。

■盆栽中适时加入可爱的装饰陶偶，可以让花园更活泼。

■配合红褐色的壁砖，搭配的素材尽量以大地色系的陶器、木头为主。

{POINT 1} 植物位置大有学问

狭长的阳台空间里，因为有女儿墙，容易导致墙底植物光线不足。在光线不均匀的情况下，植物的摆放位置就必须视其习性而决定。例如需光性强的香草类、草花类盆栽，就必须挂在可照到直射光的女儿墙花架上，墙角下的半日照条件，则适合摆放蕨类、观叶类植物。

■因为光线会被女儿墙挡住，所以墙上和墙脚摆放的植栽的习性应有所不同。

■即便是观叶植物，深浅不一的绿色，也能营造出层次。

■女儿墙上有充足的阳光，适合栽种香草植物。

{POINT 2} 设计优先的组合盆栽

阳台上常见的组合盆栽，最容易遇到的问题就是不知该将哪些植物放在同一盆。组合盆栽首先要求的是植物形态、色彩上的契合，不用拘泥于同习性的植物才能放在一起的原则。不同习性的植物可以连盆放进去，照顾上就不会有困扰。

{POINT 3} 画一般的藤蔓植物

　　学习过插花多年的主人，深受花艺讲究的"一目一风景"的影响，在设计阳台时，偏好使用茎叶具蔓垂性或叶形修长的植物作为视觉焦点，让它们从平面的盆栽中跳脱出来，使一个小景和中景都犹如一幅完整的画。

■将具匍匐性的冷水花，放在破损的陶盆中，陶盆稍微倾斜就有另一番感受。

{POINT 4} 延伸到室内的绿意

　　因为喜欢生活都有绿意陪伴，主人除了用心打造阳台空间，也会在室内摆放较耐阴的观赏植物。为了遮住鞋柜，在玄关处布置枝叶茂盛的波士顿肾蕨；电视柜上的薜荔小盆栽，软化了电器的僵硬感；窗台边的猪笼草，每天都有新的变化，提供观察的乐趣。园艺，是她开始学会快乐生活的媒介。

■原本是安装窗式空调的空间，利用木栅栏圈起来，栽种婴儿泪、石莲和沿阶草，就成了可从客厅观赏的小小牧场。

■在进出阳台的落地窗前，摆张木椅和观叶植物的组合盆栽，好似把外头的绿意延揽了进来……

101

东向阳台种花 Q&A

Q1

在10楼的东向阳台，栽种了入门盆栽——彩叶草，可是为什么叶片会逐渐退色呢？

A

彩叶草的确是容易栽培、生性强健的观叶植物。但是叶色愈鲜艳的品种，愈需要充足的日照，栽种在高楼层只有温和光线的东向阳台，容易因风势大、日照不足而导致盆栽频繁缺水，叶片萎软，甚至出现退色现象，最好增加浇水次数并将盆栽移到避风处。

Q2

很喜欢栽种种子盆栽，可是大家都说最好放在室内，如果拿出去放在东向阳台，会不会生长不良？

A

发芽后的种子盆栽，本来就需要阳光，东向阳台阳光不强烈，可以让幼苗茁壮生长。但如果盆栽原本是放在室内，就必须循序渐进地从室内移到窗台，再慢慢移到阳台，增强光线，才不会有适应不良的情形。夏季阳光太强时，要将之适时移到遮阴处，否则会有嫩芽萎软、变黄的现象。

Q3

家里的阳台偏向东北方向，从花市买回来的香菇草盆栽，为什么种一阵子叶片就开始变黄了？

A

香菇草需要半日照以上的环境，才会生长良好，当光照、浇水充足时，不但成长迅速，且植株也很健壮。问题中的阳台虽然向东，但因为方位偏北，日照程度低于一般的东向阳台，容易让香菇草的长势变差，产生叶片变黄的情形。

Q4

见过别人在阳台栽种水果，东向阳台也可以种果树吗？

A

盆栽形态的果树，需要有充足的日照，才能提高开花结果的成功率。东向阳台的日照属于半日照条件，对于需光性强的果树盆栽，光照略嫌不足，容易产生植株不开花，甚至落叶死亡的情况。一般建议在顶楼或直射光线至少半天以上的南向或西向阳台栽种果树，要留意保持通风。

Q5

最近迷上圆圆胖胖的翡翠景天，东向阳台适合栽种吗？可以自己在家繁殖吗？

A

翡翠景天是悬垂效果很好的多肉植物，喜欢干燥且日照充足的环境，对于上午拥有温和光照的东向阳台来说，是蛮适合的植物。照顾时，应该把盆栽挂在雨淋不到的地方，盆土干燥再浇水，也不用过度施肥，约一季一次就够了。等到翡翠景天生长到足够长度，就可剥下少许叶片，平均洒在盆土里，等到发根后开始浇水，就能繁殖出更多的植株。

Q6

我家阳台属于封闭型的东向阳台，有没有适合栽种的开花植物？

东向阳台只在上午有短暂的日照，下午光照较差，想栽种开花植物，必须选择稍耐阴的中性植物，如非洲堇、君子兰、非洲凤仙花、大岩桐等需光性不强的开花植物。封闭式空间通风较差，应尽量保持空气流通。

Q7

东北向的阳台种了一小棵唐印，为什么冬天天气好的时候，叶片会变红？

唐印属于景天科多肉植物，生性强健，稍耐阴，喜欢干燥、光照充足的环境。叶片转红是因为冬天低温加上充足日照，使温差太大，叶片内产生大量的花青素，叶片明显转红，但多了一份美观。夏季光照较强时，多让盆栽接受阳光，叶片会结实紧密，但应避免让植株直接照射强光，保持环境的通风和凉爽。

Q8

为什么放在东侧阳台的香冠柏，靠近房子这边的盆栽长得比较差？

A

柏树类都需要充足的阳光，因此放在阳台向光面的盆栽，可以生长得较好，而靠近房子一侧的盆栽，因为位于背光面，阳光无法直接照射，生长自然较差。建议每周转动盆栽90°，让植株轮流接受日照，株型才会匀称，不会有前后不一的情况。

Q9

阳台上的盆栽，常被虫咬，有没有什么天然的防治方式？

A

虫害是栽种者一定会遇到的困扰。较常使用的天然防治方式是将辛辣食材，如辣椒、蒜头等捣碎，上肥皂水并稀释后喷洒，这是居家容易办到的，不妨自己动手试试。此外，也可运用天敌的方式，例如利用蜘蛛、瓢虫等会吃虫的特性，作为最天然的除虫小帮手。

Q10

东向阳台看起来日照很充足，为什么栽种香草植物都无法种得好？

A

看起来整天都有光线的东向阳台，其实只有早上光线较强烈，下午只有微弱的散射光。因此想栽种香草植物，必须选需光性没那么强的种类，如紫苏、巴西里、薄荷、香蜂草等。

西向阳台

西向阳台会有恼人的西晒问题，夏日下午的阳光又毒又辣，植物生长容易受限，但只要选对耐旱喜阳的植物，也能打造出不同风格的阳台花园。

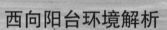

西向阳台环境解析

CASE1　阳台上的快乐时光

CASE2　一人独享的迷你阳台

CASE3　具有收纳功能的厨房阳台

西向阳台种花 Q&A

西向阳台环境解析

　　西向阳台就是一般所称的西晒面，下午阳台会被太阳照得很热，夏季尤为明显。因此在植栽的选择上，除了要注意合适的日照外，还应挑选耐热性佳的。

日照条件

　　西向阳台属于半日照的栽种环境，上午只有非直射光线，主要日照集中在下午，有3~4小时的强烈日照，因此下午的阳台温度容易飙升，夏天的高温甚至会让植物受损。

▲东
West

◀北
North

南▶
South

西▼
East

栽培要领

　　拥有强烈日照的西向阳台，在植物的选择上，应以多肉植物、仙人掌及木本植物等喜爱阳光、耐热耐旱的类型优先。

　　照顾管理时，因为盆栽的水分蒸发快，必须勤浇水，建议可用大的盆器和蓄水佳的盆土来保湿。夏季，整个阳台会处在温度颇高的状态，必须适时帮助降温，让植物顺利越夏。

适合阳性、耐热植物

木本类

名称：变叶木（大戟科）
习性：喜欢高温多湿、日照充足的环境。
水分：喜水湿，4~8月生长期要多浇水，经常给叶片喷水，保持叶面清洁及潮湿。
土壤：喜肥沃、黏重而保水性好的土壤。可用粘质土、腐叶土等调配。
花期：春夏秋季观叶

名称：五彩千年木（百合科）
习性：耐旱、耐阴性佳。
水分：干透才浇，浇到湿度适中即可，盆内不得积水或过湿。
土壤：渗透性、通气性较强的土质。如草炭土、疏松的山泥、泥炭土均较好。
花期：四季观叶

名称：羽叶福禄桐（五加科）
习性：生性强健，耐旱又耐阴。
水分：春夏季土壤保持湿润，每天浇水1~2次；冬季稍干，每隔2天浇1次水。
土壤：以疏松、富含腐殖质的砂质土壤为佳。
花期：春夏秋季观叶

多肉类

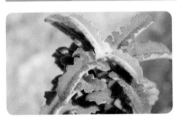

名称：仙女之舞（景天科）
习性：性喜充足阳光和排水良好的环境。
水分：春至秋生长期充分浇水。
土壤：盆栽时用大盆和普通土。
花期：四季观叶

名称：姬胧月锦（景天科）
习性：喜欢充足光线，夏季会休眠。
水分：节制浇水，不干不浇。
土壤：透气、排水良好土壤。
花期：四季观叶

名称：蕾丝公主（景天科）
习性：生性强健，喜欢充足光照。
水分：节制浇水，不干不浇。
土壤：透气、排水良好土壤。
花期：四季观叶

草花类

名称：耐热矮牵牛（茄科）
习性：喜温暖和阳光充足的环境，不耐霜冻，怕雨涝。
水分：土表稍干即浇水，水分不滞留叶片上。
土壤：宜用疏松肥沃和排水良好的砂壤土。
花期：全年

名称：松叶牡丹（马齿苋科）
习性：耐热、耐贫瘠，自生力强。
水分：土表略干即浇水。
土壤：一般土壤即可。
花期：春夏秋季

名称：繁星花（茜草科）
习性：具有耐高温特性。
水分：生长期间不宜过度浇水，同时应避免盆土积水。
土壤：使用无菌、稍含肥料且排水良好的泥炭土。
花期：春夏季

CASE **01**

阳台上的快乐时光

{ Data }

阳台类型：开放型
面　　积：6.6m²
楼　　层：20楼
日　　照：下午才有直射阳光
主要植物：草花、观叶植物
设 计 者：主人

包丝华在她的"418号阳台花园"博客里，跟大家分享了她对花草的喜爱和花园生活。通过镜头她细心介绍了家中花园，温柔而清新的风格，得到了园艺爱好者的肯定。实际走访她家中阳台，果然发现小巧阳台和主人一样给人舒服别致的感觉。

仔细观看，包丝华家的阳台花园并未比其他人的大，植物也没有比别人来得奇。但是当她谈起花草的栽种过程，除了经验的分享，更包含了对生活及哲理的体悟，咀嚼起来特别有滋味。她对花草的态度，也十分朴素简单，就像是许多爱花人，在园艺店买些小花小草，就耐心慢慢把它们养大，看着它们日见茁壮，修剪扦插，分株移盆……每天忙碌于照顾管理，是她最快乐的时光。

包丝华相信，种植花草的乐趣就在于找出简单好上手的方式，用耐心的管理方式和植物相处，得到的回报绝对超乎想象。

■帮老旧的晒衣架找个新工作，就能让盆栽有安稳的支撑。

■懂得把花草带进生活空间，才懂得如何让家有花园的意涵。

■把捡回来的石头上漆，写上英文字，就成了花园别具手感的小招牌。

111

{POINT 1} 老旧家具新生命

包丝华对于花园的布置规划，也很有自己的想法。当她缺花架、盆器、布置素材时，一定先从家中老旧的东西开始寻找，许多大胆绝妙的点子也就应运而生。例如把报废的空调器，搬到阳台当作垫石，再铺上一层木板，就成了盆栽的花架，或是运用便宜好用的木作鞋架，利用饮料罐将其四脚垫高，就成了层次更多的展示平台……诸如此类的小创意，都是非常简单易行的，不仔细看，还真会错过阳台里的有趣小风景！

■悬挂起来的花架，其实是将不用的木箱上色、挂置起来的巧思。

■将频繁使用而略显老旧的咖啡滤嘴，拿到阳台和薄荷搭配，反而增加活泼的气息。

{POINT 2} 水养栽培好处多

　　除了阳台里土壤栽培的花草之外，包丝华也喜欢尝试水养的方式，简单又好照顾。有时候把修剪下来的枝条，随手插在水杯里，隔一周后它居然自己生根，让她体会到水养的奥妙。或是把剩余的蔬菜，如地瓜、胡萝卜等放在水盘里，会蔓生飘垂的枝叶，其摇曳姿态也增添了居家的美感。

■水栽的地瓜，会长出枫叶状的可爱嫩叶，特别适合放在高处欣赏它的枝叶。

{POINT 3} 杂货点缀小角落

　　适当地在角落布置出一个可以自在呼吸的空间，可以让阳台整体看起来更舒适协调。在小角落或壁面也使用了简单木作和陶制的素材，并用少许的动物玩偶点缀，为原本都是植物的空间，增添了一点生气。

■随手瓶插的蓝雪蔓，可当切花欣赏，也可扦插繁殖。

■在盆栽之间摆上陶制的小屋和玩偶，好像小动物们就住在这片花园森林里！

■小工具乱乱地放在木盒中，就很有生活感。

113

CASE **02**

一人独享的迷你阳台

{ Data }

阳台类型：开放型

面　　积：3~7m²

楼　　层：5楼

日　　照：上午有散射光线，下午才有
　　　　　直射阳光

主要植物：观叶、多肉植物

设 计 者：河岸花径·jasmine

如果家中的阳台宽度仅容一人通过，女儿墙又呈现倾斜的狭长格局，多数人都会放弃将其打造成花园。但是屋主经过与设计者的讨论，还是成功在自家面西的顶楼，打造了一片小而美的阳台花园。

来到顶楼狭长形的阳台，先闻到了桧木的香味，映入眼帘的是以木板和桧木屑铺地的自然风格花园。为了搭配整体色调，设计者多采用素烧陶盆、竹篱笆及木盒。为了达到屋主想要的绿意盎然的效果，设计者也运用为数不少的植物盆栽，依照盆栽大小与摆放位置的高低，并刻意在叶色深浅不一的绿海中，点缀少许缤纷的草花，营造出丰富紧凑的花园感。仔细观察不同种类的植物摆放位置，你会发现，草花、香草和多肉植物多在阳光可直接照射之处，墙角和女儿墙底下的空间，则摆放了观叶和蕨类植物，以植物属性打破了格局的限制。

■玻璃瓶搭配发泡炼石、铝线提把，成了层架上的小品水栽。

■高处的墙面接受日光时间较长，适合摆放多肉植物。

■椅面破损而被丢弃的椅子，用水苔包覆，就是各式多肉植物的展示平台。

■屋主家中的杜宾狗"欧花花"，也好奇地欣赏家中的新阳台。

{ POINT 1 } 活用墙面空间变大

　　在面积不大的阳台里，墙面是空间表现的关键之一。善加利用墙面可以让空旷的阳台，顿时变得更大更丰富。设计者首先将墙面全部粉刷成白色，白色可以让空间有放大的视觉效果，接着选用多款可吊挂植物的篱笆和立架，就可增加盆栽的摆放空间。如果这样还不够用，墙面层板也是很好的素材。小巧的层板适合放上创意盆栽，醒目又清爽。

■在秋千造型的花架上，放上小盆栽，很有纯真的童趣。

■回收的旧木料，钉在墙面上好处多多，木板上的裂痕和斑纹更添质朴感。

■用铝线随意缠绕盆器，固定在墙面篱笆上，有一种随兴的生活感。

{ POINT 2 } 组合盆栽变化多

因为屋主希望能有大量植物的整体感，在空间范围有限的情况下，利用组合盆栽丰富多变的特性，悄悄在花园里布置了各式香草、草花和观叶植物的组合盆栽，配上形状各异的盆器，更有互相衬托的效果，这也是让小阳台变成花园的关键武器喔！

■（左图）将木盒塞满水苔，放入姑婆芋、蕨类等喜湿性植物，就是一盆适合放在女儿墙脚下的组合盆栽。

■（右图）组合盆栽除了搭配植物类型，叶形和叶色也是创意的最佳表现。

{ POINT 3 } 盆栽高低摆放营造层次

狭长形的阳台，是最常见的格局，在空间规划上为了避免单调，可以运用花架、层柜、椅子等素材，营造出非单一水平的层次。这样不仅有协调的视觉动线，也更方便照顾植物，让盆栽之间有适当的空间，植物也就生长得更好。

■没有层架，也可以用不同大小的盆花，营造出相同的层次感。

CASE 03

具有收纳功能的厨房阳台

{ Data }

阳台类型：半开放型、开放型

面　　积：厨房阳台3m²、书房阳台8.5m²

楼　　层：1、3楼

日　　照：下午才有直射阳光

主要植物：草花、香草、观叶植物

设 计 者：玕忆园艺有限公司·陈忆珍

拥有独栋透天的住宅，重视生活的主人，对于厨房与书房阳台，主张实用功能和生活情趣兼具。

这两个都是朝西的阳台，夏季会有直射的阳光，有无植物缓冲西晒的光照与辐射热，那可是有天壤之别的。首先是厨房阳台，规划好之后，除了能够遮蔽一些阳光，更可以成为一个有花有草的阳台，不再因为夏日西晒，而令人却步，也充分利用了空间。

书房的阳台，是男主人生活起居的重点空间之一，因此期望能有花卉植物的点缀，但又要求以简单好整理的方式规划。其实阳台原本已设有紫藤花架和南方松地板，也有一些花花草草，所以设计者以盆栽布置的方式将阳台改头换面，采用乡村风的手法，搭配原有的花架、地板与旧物，打造一个温馨可亲近的阳台。

■阳台朝西的角落，是畸零的空间，将其设置成收纳间，除了实用之外，一扇木门既可缓和视觉的尖锐感，又可遮掩西晒的阳光，让夏天的阳台降温不少。

■走出厨房来到阳台，有一个耐火砖砌的洗手台，也具有收纳功能。洗手台的墙面则采用枕木，利用枕木柱安置水龙头、照明灯及盆栽的木架。

■阳台空间有限，因此利用阳台的女儿墙，在外墙安上花槽，种满天竺葵，日照充足的环境，让天竺葵四季开花不断。

{POINT 1} 盆栽布置维护容易

　　书房的阳台约有8.5m²，原本已经有紫藤花架和南方松地板。为符合主人简单好整理的需求，全部的花卉植物都采用盆栽。利用盆栽来布置阳台，既可以限制植物的生长，又符合容易照顾、更新的需求。

■可爱的素烧陶猪，点缀阳台不可少，少了它，所谓的乡村风可能就不够明显了。

{POINT 2} 重点元素打造主题风格

　　运用简单的枕木及饰品，搭配上白晶菊、迷迭香、粉色玛格利特等盆栽，并在南方松地板之外的地面铺上米得石。运用简单的手法，将阳台重新整理，轻松打造出乡村风的趣味。

■在木板与米得石铺面间栽种肾叶堇，以肾叶堇作为两种铺面的收边植物，具有装饰的作用。

{ POINT 3 } 善用吊盆装饰空间

　　除非是特殊的大阳台，否则一般的阳台空间都很有限。除了平面摆设的盆栽之外，吊盆是另外一种选择。不一定藤蔓植栽才能悬挂，只要选对盆器或巧妙运用资材，就能增加层次感，让整体空间更有变化。

■墙上的枕木既是表现乡村风格
　的元素，也是布置盆栽的花
　架，可以放或挂小盆栽。

■椰织吊盆、壁挂式素烧吊
　盆，具有节省空间的优点，
　也有不同的观赏趣味。

西向阳台种花 **Q&A**

Q1

西晒是所有植物的杀手吗？该怎么在西向阳台栽种植物呢？

A

朝西的阳台，免不了有强烈的西晒阳光，但并不代表不能种花。只是必须先了解西向阳台的高温，会让喜好阴凉与需光性低的植物生长不好。所以，想在西向阳台栽种花草，必须选择耐晒耐热、枝强叶厚的植物，如松叶牡丹、九重葛、仙丹花，通过适量而充足的浇水，就可以让它们好好生长。

Q2

房间旁边就是西向阳台，可以栽种什么植物作为绿帘，抵挡阳光？

A

想利用植物作为绿帘，建议可选择具有蔓垂特性的藤蔓类植物，如九重葛、使君子、蒜香藤、百香果、炮仗花等耐旱好照顾的植物。不管是悬挂在高处或固定在铁窗，都可任其往上攀爬或悬挂往下生长，枝叶密满的遮盖效果，有如天然的绿帘。

图片提供／陈坤灿

Q3

人家说天竺葵不适合种在西向阳台，但我在西南边的厨房阳台种了好几盆，花都很漂亮，是什么原因呢？

A

天竺葵喜欢干燥、通风的生长条件，偏向西南的阳台没有强烈的直射光，却又有充足的日照，将它种在阳台的女儿墙外，是让它长得好、花朵开得多又好的主要原因。每枝花须在开花结束时就剪除，以促进再开花。

Q4

我家阳台是十几层楼高的西向阳台，常有强风，适合栽种叶片大的植物吗？

A

高楼层常会有强风，因此在选择植物时，应以耐风及具储水能力的为首选，或是加设固定的栏杆阻挡风势。而叶片大的植物，因受风面积较大，容易失水，也会因强风吹袭而落叶。一般来说，耐风植物多具有小叶、厚叶及绒毛等特征，迷迭香、杜鹃、芙蓉、长寿花、虎尾兰、各种多肉植物等都属耐风植物。

Q5

最近新尝试在西向阳台栽种口红花，要如何照顾？

A

口红花属于苦苣苔科多年生草本植物，具悬垂性，花期全年，长筒状红色艳丽的花朵，非常讨人喜欢。叶片肥厚多汁，可贮存水分，浇水过量容易引起腐根，造成叶片掉落，因此一定要在盆土干后再浇水，冬天减少浇水。它喜欢明亮的散射阳光，所以要避开强烈直射阳光，种在面西的阳台，应该尽量放在遮蔽处。

Q6

在西边的阳台种了一大片非洲凤仙花，浇水都很正常，可是叶片却开始发黄，要怎么办呢？

非洲凤仙花喜好阴凉及高湿度的环境，全日照与半日照均能生长良好。西边阳台下午容易有阳光直射、温度升高的情形，特别是夏季的高温，很容易让非洲凤仙花产生叶片萎软或黄化掉落的现象。因此，建议还是放在半日照的阴凉处种植比较合适。

Q7

花市买回来的多肉植物盆栽，好像都是用砂质土壤，换盆时可以用培养土替代吗？

使用培养土栽种多肉植物，并不会有太大的影响，只是培养土应以排水性佳的为宜。市面上的培养土多以2~3种以上的无土介质调配，为混合性介质，只要选择疏松、排水良好就可以。换盆好以后不能马上浇水，避免换盆时受伤的根系遭受病菌入侵。

Q8

我家的西边阳台，女儿墙颇高，墙角底下可以栽种蕨类吗？

A

女儿墙对阳光有一定的阻隔效果，因此在墙角底下可以栽种一些喜欢高温多湿的植物，如铁线蕨、波士顿肾蕨、山苏、纽扣藤等，同时要避免让盆土干燥，保持周边环境的湿度。

Q9

大家都说西向阳台适合栽种多肉植物，我买回一盆纽扣藤，为什么生长得不是很好？

A

纽扣藤虽然拥有肥厚的叶片，但并不是多肉植物，而是属于多年生草本植物。植株具蔓生性，可攀附或垂坠生长，喜欢半日照或有遮阳的环境，因此下午有强光直射的西向阳台，容易晒伤植株，必须将其移至阴凉处，且不宜多浇水，以免烂根。

Q10

在面西阳台栽种了香草植物，也都有浇水，为什么还是不断枯萎？

A

西向阳台的强烈光照，常让栽种者过度频繁地给植栽浇水，但是部分香草植物喜欢日照充足、略为干燥的介质，过度浇水或盆底水盘积水，都会让香草植物因根部过湿而缺氧，枝叶开始枯萎。

PART 6

阳台种花Q&A大集

不管是自己改造阳台，还是为心爱的人挑选植物，或是在栽种的过程中，遇到问题和困扰，只要是与阳台相关的疑问，通通可以在这里找到解答。

A 植栽个论篇

B 植物照顾篇

C 规划实践篇

A. 植栽个论篇

 草｜花｜植｜物

Q1

想在阳台种草花，又不想年年更换，哪些植物属于多年生草花植物？

多年生草花可以常年生长，如果想要栽培能年年观赏的草花，就要选择开花期长或叶片也可以欣赏的草花类型。常见的多年生草花有：日日春、凤仙花、天竺葵、四季秋海棠、繁星花、勋章菊、非洲凤仙花、彩叶草、蓝星花、矮牵牛等。

Q2

一、二年生的草花植物，换个季就枯萎了，它们的生命周期是不是很短？

一年生草花植物，从种子萌芽、生长、开花到结果，只有一个短暂的生长季，就几个月而已。相对于一年生草花植物，二年生的草花植物通常需要两个生长季以完成它的生命周期，一般是在第一年种子萌芽、生长，直到第二年的生长季才开花、结果，随即死亡。草花类皆生长迅速，并盛开大量的花朵，以达到结籽、繁衍后代的目的，然后生命周期就结束了，千万不要误认是你把它们种死了。

Q3

花市买回来的繁星花开完花后，整个植株花变得很稀疏，要如何做才能再一次欣赏呢？

繁星花开得差不多了的时候，可进行强剪并施肥。修剪位置要在节点上方一点点处，若太高，剪到上一节的下方，容易导致枝条枯掉。全株修剪至剩一半至1/3的长度，记得要立即均匀地施肥，就可期待繁星花继续下一波的繁花盛开。

Q4

非洲凤仙花是很多花苞，但为什么这些花苞没全开就掉落了？怎样照顾才能让凤仙花开满盆？

非洲凤仙花开花速度快，花也多，因此栽培期间要多施肥，每周施用一次高磷成分的速效肥可促进多开花，再配合光线充足的环境，就可以花开满盆。非洲凤仙花若细心照顾，的确可以持续开花至5、6月，但是伸长的茎会影响观赏品质。因此，当茎伸长至30cm时就应该开始实施修剪，以免未来徒长，开花不良。

Q5

种了一些玛格丽特，前阵子发现从花苞处开始向下枯萎，或花朵变得很小且枯死，不知是何原因？

只有花苞失水凋萎，可能是根部受损，无法正常吸水，植株末端的器官缺水所致。发生原因可能是：栽培时土壤松动，让根系与土壤无法密接；浇水太频繁以及排水不良，使根部腐烂；施用太浓的肥料使根部受损；根部受到病虫害侵袭，如切根虫、鸡母虫等虫害，或是白绢病、疫病等病害。要先确认原因，才能进行处理。

盆 | 花 | 植 | 物

Q6

购买盆花时，要注意哪些细节？

为确保买回来的植株能够继续开花，选购的大原则首先是挑选外形圆满、有活力，茎、叶健壮硬挺，没有病虫害。其次是针对花：一、需挑选花朵数量较多的植株，1/2至2/3的花朵已经开放，表示开花状况良好；二、花朵颜色鲜艳、亮丽，没有病斑、虫噬者；三、含苞的花苞需饱满；四、仔细检查花朵有无损伤。

Q7

为什么非洲堇只长叶子，却不开花？

通常非洲堇的叶子光亮厚实，有徒长现象，表明很可能光线不足。此时，就应该把非洲堇移到光线较佳的地方。而如果非洲堇的叶子虽多，却没什么光泽，很可能是根部的问题，可以更换培养土，稍微减少泥炭苔的比例。假若问题都不在这里，那么可能是盆器太大了，可以换一个大小更加适合的盆器。

Q8

选购盆花时，如何检查植株是否为有病虫害？

 健康的花草树木，可以让阳台更增花颜绿意，但一旦买到体质不好的花卉植物，后续的栽培将会产生困难，甚至带来病虫害，让其他的植物都受害。所以，买花时一定要仔细检查叶、茎上是否有病征或虫害，别忘了也要检查叶背及枝条。叶片、枝条有褐色或黑色斑点，或有褐色或黑色斑纹，叶背及枝条有任何虫迹，只要不是光鲜干净的，建议不要选购这盆。

Q9

想买一盆颜色亮眼的观果盆栽，要怎样选购呢？

选购健康的观果盆栽，大原则同样是植株外形壮硕，茎、叶健壮硬挺。而针对果实部分的秘诀是：一、挑选果实数量较多的，1/2至2/3是已成熟的果实，盆栽才会好看；二、果实结实、新鲜、果色亮丽，没有损伤、褐斑、虫咬；三、尚未成熟的幼果需饱满、已着色且数量较多。

Q10

寒梅开完花后，要注意哪些栽培重点，才能保证来年再开出美丽的花朵？

俗称寒梅者，其实是贴梗海棠，生性强健，花期为11月至隔年4月。由于耐寒，可着重在夏季的栽培管理上，使植株生长强健。可在春夏两季施用缓效肥，再配合春季花后以有机肥作为基肥更新盆土或换盆，使新生枝条生长强健，以利花芽生长及开花。至于花朵的数量，就必须视当年低温状况而定。

🌿 趣 | 味 | 植 | 物

Q11

养护仙人掌和多肉植物的盆栽，日照、浇水、施肥怎么把握？

多肉植物作为生活空间的观赏植物，是最合适的懒人植物。切记，休眠期间不可施肥、换盆，也必须减少浇水。仙人掌和多肉植物适合充足的日照，栽培管理上需等盆栽表土干了，再一次浇透水，并保持排水顺畅，避免积水。

Q12

我家的多肉植物长大了，要怎么帮它换盆？

换盆时可以选用透气、排水的培养土加上一些小石砾，并采用排水良好的盆器。切记一定要使用新的培养土，且不可深植。种好隔几天再浇水，避免换盆时损伤的根部，因水浸湿使病菌有机可乘。仙人掌换盆：将植株取出，剪掉部分老根，只需留下1~2厘米长的根部，将其置于阴凉通风处，放到伤口干了再种植。多肉植物换盆：取出植株并尽量抖掉旧土，摘除枯叶、老叶后，再重新栽种。

Q13

好喜欢品种众多的多肉植物和仙人掌，购买时要怎么挑选？

选择健康的植株，需注意几个重点：一、挑选茎、叶肥壮健康的植株；二、精选茎、叶具有品种特有色彩的植株；三、注意植株是否感染病虫害；四、注意植株是否有水伤或病斑；五、注意植株是否徒长，避免挑选到不健康的植物，买回去不好照顾。

Q14

猪笼草为何不长瓶？

猪笼草喜欢高温高湿的环境，在低温会有生长停滞的现象，所以不会有新捕虫瓶长出，如果遇上寒流甚至还会冻伤，所以冬季最好置于避风处，而且减少浇水次数以助其越冬。夏季是猪笼草生长旺盛的季节，应给予充足的光照与湿润的环境，而且不要施用肥料，因为养分充足就没有生捕虫瓶的必要了。

Q15

可爱的咖啡豆种子盆栽，何时需要移植？

种子盆栽以密植方式限制每棵幼苗生长，可照顾得好，观赏1年以上没问题。但如果想看到开花、结果，那就必须移植，毕竟它是较高大的木本植物。移植的咖啡树盆栽非常适合种在阳台，初春是移植的好时机。挑选健壮的小苗，种植在有充足土壤的花盆中，一盆种一棵就好。先用5寸盆种植，长得好的话，同年初秋再换大一号的盆，促进生长。

🌿 观│叶│植│物

Q16

我在阳台种了一盆叶子很好看的盆栽，先前买的时候，花店老板说这叫做粗肋草，是观叶的。什么叫做观叶植物呢？

观叶植物，顾名思义，就是以观赏叶片为主。观叶类植物草本、木本都有，不管它们开花好不好看，它们的叶片一定是很有看头的，必定是叶色、斑纹多变，有的叶形也很特别，圆圆的、细长的、卷曲的……颜色鲜艳亮丽，整体的美绝不比观花植物逊色，常见的如合果芋、粗肋草、蓬莱蕉、朱蕉、彩叶草、变叶木等等。

Q17

花市里各式各样的观叶植物还真不少，购买时要怎么挑选呢？

Ⓐ

大部分的观叶类都是热带植物，花市里全年都有卖，可供挑选。通常选择的要领是：植株健壮结实，茎与叶看起来密实、茂盛；叶色鲜艳亮丽，叶斑鲜明；不要挑到叶片有褐或黑色斑点及茎与叶背有虫害的；选择适合预算及生活空间的盆栽规格，例如3寸的小品盆栽或中型的5寸盆或是7寸盆以上的落地型盆栽。

Q18

绿色植物可以美化生活空间，那么浴室里能种盆栽吗？

一般的浴室光照都不充足，不适合开花类植物，而耐阴的观叶植物和蕨类可以长得不错，但是洗澡的时候，一定要打开通风设备，而且时间要长久一些，抽掉热蒸气，以免高温伤到植物。如果浴室完全没有采光或很暗，请放弃浴室种盆栽的想法。浴室里种盆栽，最好多准备几盆同类的观叶植物和蕨类，利用更替的方式，每隔一周就把浴室里的盆栽拿到阳台去保养，再把阳台的盆栽拿到浴室，让植物处于良好的生长状态。

Q19

在花市买了一盆叶片茂盛、很有看头的盆栽，老板告诉我这叫爱玉万年青，请问它是万年青类的植物吗？要怎么照顾，如果种在阳台，要放在什么位置比较好？

很多人习惯把绿色的观叶植物通称为万年青，这是不正确的。爱玉万年青应该叫做爱玉黛粉叶，属于天南星科黛粉叶家族，蛮耐阴的，很适合室内光照明亮处栽培欣赏，种在阳台，要选择避免阳光曝晒的位置，以免叶片晒伤变成难看的黄褐色。冬季低温期，黛粉叶生长停滞，此时可移入室内欣赏。

Q20

要怎么判断观叶盆栽健不健康？

健康的植株应该有的特征：植株外形圆满、壮硕，有活力，没有病虫害；茎、叶健壮硬挺，没有细弱、瘦长的徒长现象；叶色鲜绿，没有褐色边缘。

□图片提供／陈坤灿

Q21

我的观叶盆栽放在阳台长得还不错，不晓得可不可以拿到客厅欣赏？

花市卖的观叶植物，大部分都适合放在室内观赏。种在阳台的观叶盆栽，因为光照充足，一定会长得很漂亮。想拿到客厅欣赏，建议摆放在光照明亮处2~3周，再移到阳台照顾，如果有好几盆观叶盆栽，可以轮流，保证室内、室外皆美，植物也都可以长得健康。

Q22

看到邻居在阳台种了一棵变叶木盆栽，长得很不错，我也想在阳台种变叶木。如果买回来了，应该怎么照顾？

变叶木是常绿灌木或小乔木，品种很多，可以到花市仔细地挑选，选自己喜爱的叶片、色彩与叶形，变叶木几乎是四季常绿，以盆栽的方式栽种，很好照顾，少有病虫害，在有充足阳光的阳台，可以让它的叶片鲜明出色、生长良好。等盆土略干再浇水，在夏季特别注意充分给水就好。春至秋季，可以在盆土上施加适量的长效性观叶肥，促进植株强壮茂盛。

Q23

我家阳台是西向的，我有两盆虎尾兰，绿色的叶片有斑纹，长得健康又茂盛。听说还有不同品种的虎尾兰，我都想种，具体有哪些呢？

属于龙舌兰科的虎尾兰，其实也是多肉植物，革质厚实的叶片是必有的特质，有可延伸生长的粗大地下茎，生长慢，但耐旱、耐日照，在向南与向西的阳台生长良好。其他常见的品种还有黄边虎尾兰、扇叶虎尾兰、宽叶虎尾兰、短叶虎尾兰、银短叶虎尾兰、黄边短叶虎尾兰、棒叶虎尾兰、石笔虎尾兰等。

Q24

在花市看到叫做彩叶草的盆栽，叶子看起来像缤纷的花朵一样，有红、紫、黄绿、桃红色的，非常漂亮。很想在阳台种几盆叶色都不一样的彩叶草，怎么照顾才会继续长得好看？

美丽的彩叶草不耐阴，要让叶子长得好看，唯有阳光是它的彩妆师。日照越充足，叶色越是鲜艳明亮，植株圆满，而茎叶才会长得紧密；一旦日照不足，叶色会变淡，茎叶会徒长而变得稀稀疏疏。植株成熟的彩叶草会在茎顶抽出花序，细致优雅的花穗也很好看。草本的彩叶草，叶片数量多，水分较容易散失，只要观察叶片有点软弱就要浇水，以免缺水影响生长。

水｜生｜植｜物

Q25

有人说夏天很适合在阳台种水生植物，可以告诉我什么是水生植物吗?

常见的荷花、睡莲、伞草、铜钱草、慈姑等都是水生植物，它们是喜欢生长在水域中的植物。依照生长形态，它们大致可分为沉水、浮水、挺水以及浮叶型等四大类。不同种类需要的水深以及种植的土壤都有差别。想成功种植水生植物，得先了解各自的习性才行。

Q26

什么季节最适合水生植物生长，怎么挑选呢?

夏季是花市最多水生植物的季节，价格实惠、品质好。挑选观叶类植物应注意：叶片应直挺有生气，生长繁盛；没有徒长或软弱现象。观花类就挑选：花苞数量较多者；茎叶壮硕者；没有徒长。挑选到喜爱的植株后，在运送过程中必须以塑料袋或瓶罐盛装，小心避免其失水。

Q27

各种类型的水生植物，要怎么栽种才正确?

必须先确定要栽培的水生植物，是属于哪种类别，才能确定采用哪种栽植方式。漂浮植物可以直接放在水面上；沉水型、挺水型、浮叶型植物，则必须将根埋入水底的泥土中，并注意一定的水面高度，否则植物无法正常生长。

Q28

我家小朋友说好想种水养的植物，请问要用哪种容器来种水生植物？

任何可以长久盛水的盆器都可以，从放在阳台、顶楼或庭院的大容器，到摆在室内任何明亮处的小陶缸，都可以养水生植物。建议不妨从一些对光线要求不高的漂浮植物入门，例如放二三株槐叶苹或浮萍在陶盆中，或是在玻璃容器里植入几株水蕴草，再放入几只小鱼一起养，就能让心绪得到放松，好不惬意。

Q29

栽种水生植物要注意水深，到底怎样的水深才是对的？

各种水生植物的习性不同，它们对水位高低的要求也不同。漂浮植物最简单，只需能使其漂浮即可；沉水型植物的水深需要超过植株，使茎叶能自然伸展；水边的湿地型植物则需保持土壤湿润、稍呈积水状态。挺水型植物由于茎、叶会挺出水面，需保持50~100厘米左右的水深。浮叶型植物的叶柄或茎，虽然会随着水的深度伸长，但买回来时还是先依照植株现状确定水深，以求最佳的观赏性。

Q30

除了给水生植物合适的水深，要怎么给水？需要常常换水吗？

最好经常补充新水，以保持水生植物所需的水深，同时防止水质恶化，以免影响植物的正常生长，甚至产生异味。最好能够定期换水，当水盆中的水呈现混浊现象，就应重新换水，如果水盆很大、很重，只要换掉其中一半的水即可，而小盆的水则可以全部换掉。

Q31

据说给水生植物加自来水不好，是这样吗？那么种水生植物不是太麻烦了？

有些讲究的水生植物栽培者，认为自来水含有化学药剂，他们使用天然的井水、池水、溪水来种植。但是，对于一般的都市人，要做到这点恐怕是太难了。其实可以将自来水盛在容器里，静置半天以上，让其中含有的氯挥发后再使用。

Q32

栽种浮水型与浮叶型水生植物时，据说不可以养鱼、养小虾，是什么原因呢？

栽种浮水型与浮叶型水生植物时，只要容器够大，可以养鱼虾。但这两类水生植物生长较迅速，如果布满水面，将会减少水中的溶氧量，容易影响水中生物的供氧。这时就必须拿掉过多的植株或修剪植物叶片，让它们与水中的鱼虾形成一个简单的生态系统，维持水质的干净。

Q33

花市买回来的铜钱草盆栽，种了一阵子，发现有些叶子变黄，是什么原因呢？是因为没有种在水里吗？

铜钱草需要半日照以上的环境，才会生长良好。当光照、浇水充足时，它不但成长迅速，而且植株强健。如果光照不够，铜钱草就容易长势转差，出现叶子变黄的情形。铜钱草是水生植物的一种，可以土种也可水栽，还可以试着把整个盆栽沉在水里，成为挺水的铜钱草或是沉水的铜钱草。只要光照充足，怎么种它都可以长得很好。

球 | 根 | 植 | 物

Q34

每年春天都会看到颜色缤纷的郁金香，为什么郁金香会叫做
球根花卉？球根花卉和其他植物有什么不一样？

A

简单地说，球根花卉会将养分及芽体贮藏于地下的茎或根
部，使得这些茎、根变得肥大。当生长周期结束，地上部的
茎、叶将凋萎，地下的茎、根部进入休眠期。等到下一个生
长周期开始，它们将重新萌芽、生长、开花。

Q35

我想知道，还有什么花卉属球根植物？

A

球根花卉大部分生长在温带地区，或其他干燥的地区。常见
的有小苍兰、唐菖蒲（剑兰）、夜来香、美人蕉、香水百
合、海芋、风信子、仙客来、大岩桐、孤挺花、火球花、大
理花、陆莲花、葱兰、韭兰、番红花、长筒花、白头翁等。

Q36

如果想购买现成的球根盆栽，要怎么挑选，才能使它们回去之后可以持续地开花呢？

把握以下要领，就有好花可赏：挑选叶片挺实、数量充足、生长均匀者；花茎肥壮、挺实，并有花蕾已开者；开花期间放置室内观赏，必须在光线明亮处，例如窗边、阳台等；盆土干燥再浇水就足够；如果是温带的球根花卉，例如郁金香、风信子等，想种植到开花较难，建议直接将花谢后的球茎丢弃，明年再购买新株。

Q37

如果想由球根开始栽种，要怎么挑选呢？

健康结实的球根，才能长出健壮的植株并开出美丽的花朵。可依照以下原则挑选：尽早购买当季品种，较易选到品质优良的球根；整颗饱满，手感重且扎实；球根表面没有发霉或虫咬痕迹；保水度够，有干瘪感的不能挑；品种或花色要正确。

Q38

春天近了，要去买几盆仙客来盆栽来点缀阳台，想知道要怎么照顾它们最好？

每年冬季到隔年的春季，是仙客来盆栽的最佳季节。要让仙客来持续开花，必须把它放置在日照充足、避免淋雨且通风良好的位置。正确的浇水方式为培养土略干后再浇水，建议使用长嘴壶，拨开茂盛的叶片，直接浇水到盆土里，以免被叶片阻挡，以及叶丛沾水而诱发病害。因为开花期长，养分耗损多，要每周施用一次液体花肥，以促进开花不断。

□图片提供／陈坤灿

Q39

在网上看到球根花卉爱好者的博客，有一种粉红色孤挺花非常漂亮，孤挺花要怎么种？什么季节开始栽种？

孤挺花四季都可以栽培，栽培宜选用排水性佳、富含有机质的砂质壤土。将孤挺花球根的颈部露出土面，放在半日照至全日照且通风的栽培场所，日照不足会让叶片软弱倒伏、开花少，甚至不开花。刚栽种时注意不可缺水，叶子长出后见盆土略干再浇水，常常浇水会太湿，球根易烂掉。孤挺花不适合栽种于室内，可以等开花时再移到室内观赏。

Q40

当球根花卉的花开过，叶片枯萎了，如果把球根保留下来，下一季还种得好吗？

花市里各式各样的球根花卉，秋、冬、春是最适合的生长季节。它们不适应潮湿炎热的夏季气候，会生长衰弱致使新球根发育不良，甚至罹病腐烂。即使度过夏天，摘下来的球根贮藏方式也需要讲究，建议将球根花卉当做季节性植物栽植，只需在当季购新植株照顾即可。

兰｜花

Q41

我养了好几盆蝴蝶兰，不知道还有哪些比较容易栽种的兰花?

A

气候温暖的地区很适合多种兰花生长。除了蝴蝶兰之外，可以挑选石斛兰、嘉德丽雅兰、仙履兰、国兰、文心兰等等。一般居家的阳台、顶楼都可以养兰花，只要光照充足、浇水适量，它们就可以生长良好。

Q42

怎么才能够买到好品质的兰花盆栽?

A

兰花的种类很多，只要把握以下一些原则，挑好品质的兰花一点也不难：花梗硬挺，没有缺花、掉蕾现象；花朵颜色鲜丽均匀，花瓣厚挺，外缘没有皱缩或病斑；花序多的兰花类，要特别挑选花序排列整齐，花苞已开放半数以上者；未开的花苞饱满，没有干枯现象；整棵兰株健康挺实，叶片结实、鲜绿具光泽，没有黄化或褐斑。

Q43

朋友告诉我石斛兰很漂亮，推荐我在阳台种一些，请问石斛兰容易照顾吗?

A

石斛可分为春天开花的春石斛和秋天开花的秋石斛两大类。栽培时使用干净的栽培土，以蛇木屑加些小碎石，或以蛇木板栽植。植株放在阳光充足处，春至秋季每天或隔天浇水，冬天天气冷，7~10天浇水一次就可以。

Q44

在花市看到一种非常可爱的兰花，叫做小青蛙，请问它是哪一类的兰花？好种吗？

小青蛙就是原生种仙履兰，是芭菲尔拖鞋兰属的成员，因为它的花就像一只小青蛙而得名，目前在市面上很受欢迎，从开花到花谢，可持续4周以上。小青蛙容易栽培，是地生兰类，没有假球茎，比较不耐旱，把它放置在半阴凉的通风处，有充足的光照，避免日光直射，就可以生长良好并开花。花期通常集中于秋至冬季，但全年皆有可能不定期开花。

口图片提供 / 陈坤灿

Q45

逛花市的时候，看到很可爱的迷你嘉德利亚兰，忍不住买了一盆。请问当花谢了，要如何照顾？会再开花吗？

迷你型品种的嘉德利亚兰，有越来越热门的趋势。嘉德利亚兰生性强健，容易栽种，也不需特别照顾，只要光照充足且避免夏季烈日曝晒，维持良好的通风，就可以绽放出美丽的花朵。花期不定，花朵盛开10~30天。

香│草│植│物

Q46

芳香药草是不是等同于香草植物，指的又是哪些植物？

A

这两个名词意义等同，栽培香草植物是从外国引进的园艺生活风气。这些植株体内含有芳香物质，可作香精、香料，可食用且有药用功能，包括草本、木本类，例如迷迭香、薰衣草、百里香、薄荷、罗勒、茴香、甜菊、莳萝、金莲花、牛至、芳香万寿菊、金盏花……它们可用于调制花草茶以及菜肴、保健料理、甜品等等，有益身体健康，甚至具备了不可言喻的疗愈效用。

Q47

大家都说薄荷是最好种的香草植物，我的薄荷盆栽曾经很茂盛，现在叶片却越长越小，怎么办呢？

生长势由盛而衰，表明该修剪、换盆了。薄荷生长速度快，当你发现它长得很茂盛，期间经过2~3个月后，如果都不曾剪过，那铁定是盆里早已长满根了。可以尝试修剪一次，每个枝条都剪掉2/3的长度，让它重新生长。等它又长满，生长速度变慢，就可以给它换大一点的盆，同时进行分株及修剪茎、叶与1/2的根团，让它重新生长，但要记得避免夏季与冬季严寒时换盆。

Q48

甜万寿菊换盆时，修剪掉的枝条可以用来扦插繁殖新株吗？

春、秋季是进行换盆、修剪的好季节，也是最好的扦插繁殖季节。选择9~15厘米长的健壮枝条，枝条上只留3对（6片）叶子，使用市售培养土，保持适当湿度，约1周就可长根，2~3周可长成根系，届时再予以移植。一个3寸盆可插入5枝插穗。

Q49

香草达人都说种香草要用有机肥料，可是用了之后，却发现会有小苍蝇，有补救方法吗？

给香草植物施肥，选用有机肥料是比较妥当的，但是不要只把肥料散布在表面，应该将有机肥料埋入培养土中，才不会招来蝇虫。如果有机肥料已经散布在表土，可以再覆加一层新的培养土，盖掉有机肥料，就会减少蚊蝇孳生。

Q50

最近种了迷迭香，日照充足，水分足够，但没过几天，叶子从边缘逐渐变黑，然后就凋了，是哪儿出问题了吗？

迷迭香是一种耐旱的植物，栽培时忌培养土太潮湿或底盘积水，否则很容易造成根部腐败，使叶片枯黄掉落、新梢凋萎。因此，把它放在光线充足、通风良好的位置，而且培养土干了才浇水，是栽培的重点。

◎图片提供／陈坤灿

藤｜蔓｜植｜物

Q51

为什么我的常春藤总是养不活？没有太阳直射，也都固定时间浇水，可还是慢性死亡？

常春藤喜欢阴凉的气候，在夏天栽培很容易死亡或遭受红蜘蛛虫害。栽培时应放置于窗边或阳台内侧通风处。夏天通风可减少病虫害。此外，常春藤耐旱，但不要过于干旱，应在盆土表面全干后浇水，且一次浇透，不可积水，避免根部死亡。同时，最好每隔2至3个月施用一次缓效肥。

Q52

很喜欢藤蔓长长的、绿绿的样子，请问在室内种哪些藤蔓植物？

如果在室内观赏，就需要选择耐阴或经过驯化的室内观叶盆栽，种类很多，如莱姆黄金葛、黄金葛、心叶蔓绿绒、常春藤、蔓性椒草、薜荔、雪荔、玲珑冷水花、铁线草、斑叶球兰、尖叶球兰、纽扣藤、百万心、爱之蔓、弦月……

Q53

想在阳台种藤蔓植物，但是不想搭花架，希望可以简单地栽种在吊盆里观赏，请问可以种哪些藤蔓植物？

阳台的光线比较充足，能够栽培的藤蔓植物种类会比室内多，例如观叶的金钱薄荷、薜荔、纽扣藤、百万心、爱之蔓，会开花的鲸鱼花、口红花、白雪蔓、玉唇花、蔓性夏堇、吊钟花、耐热矮牵牛、蔓性马樱丹、铁线草、红毛苋、球兰、斑叶球兰、蔓性风铃花等等。

Q54

藤蔓植物可以在户外做哪些生活应用?

可以利用藤蔓类来装饰庭园与居家,例如绿化墙面、阳台、屋顶,或是打造遮阴的花架,或是装饰庭廊、栏杆、拱门、灯柱。藤蔓植物也具有观叶、观花或观果等不同用途,比如说观果的百香果、悬星花、玩具南瓜等,观花的炮仗花、蒜香藤、凌霄花、大邓伯花、紫藤、九重葛、使君子、珊瑚藤、忍冬等,营造绿意的地锦(爬墙虎)、薜荔等。利用其攀爬的特性,美化生活空间。

Q55

为何我的九重葛叶子越来越小,花叶越开越小?

可能是盆土没有更换,种了一两年的盆栽原则上要松土或换土,才不至于根系受阻,连带生长受阻,而使花、叶越来越小。此外,九重葛是耐旱植物,浇水过多会导致烂根。最佳的浇水时机是等叶子开始干得有点枯萎的时候。

Q56

藤蔓植物种类这么多,请问应该在什么季节修剪呢?

栽培藤蔓植物,为了促进生长或开花,最好每年进行1~2次例行性修剪。四季常绿性的观叶藤蔓类,在春季修剪;落叶性的观叶藤蔓类,必须在冬季修剪,也就是落叶之后;春天开花型藤蔓类,在花期结束后立即修剪;夏天开花型藤蔓类,必须在冬季修剪;平时剪除植株上的枯叶、枯枝以及枯花等等,可以维护其良好地生长与开花。

果│树

Q57

可以在阳台或是顶楼栽种果树吗？有合适的种类吗？

阳光就是植物的食物，顶楼是阳光充足的地方，很适合果树生长。至于阳台，一天必须要有4小时以上的直射阳光，才适合栽种果树盆栽，同时也要衡量阳台的通风与空间大小等条件。建议选择果实较小的果树，比如金橘、番石榴、百香果、柠檬、西印度樱桃、桑葚、珍珠莲雾、神秘果、嘉宾果等等。一定要使用嫁接苗或扦插苗，千万不要用自己播种的实生苗。

Q58

从花市买回来的柠檬盆栽，枝条上都是一枝一颗果实，为什么在家里，枝条上开花都是一簇很多朵，结了很多果到最后却都掉光了？

柠檬具有不定期开花的特性，多朵或单朵花着生于枝梢及叶腋。掉蕾、掉花甚至掉果是它自然的生理现象。一个枝条只留一两个果实，可让养分集中，使果实发育良好。疏果是按照果树的生长形势进行的合理的维护工作，就是将长势弱的果剪掉，留下壮硕的果。

Q59

种在顶楼的百香果开花几十朵，却只结了两颗果实，是什么原因？怎么办？

已经结两颗果实，可见生长条件没问题，不结果的最主要原因，可能是因为虫媒比较少，导致很多果树的结果率相对变差。建议可在白天的上午，利用毛笔沾每一朵花的花粉后再轻抹柱头（花朵中心突出的三岔部分），帮助百香果授粉，可以有助于提高结果率。

Q60

在阳台种了一棵葡萄盆栽，前年、去年都有结果，今年却完全没有，要用什么方法让它明年可以结果呢？

如果栽培的条件一样，且没有进行修剪，那发生不结果的现象，可能是因为植株养分不足，可以在冬季施用一次长效性肥料。开花期要注意水分供给与病虫害防治，以增加花朵的授粉率。专业栽培葡萄的花农，在开花期多会使用生长激素促进着果率。

□图片提供／陈坤灿

Q61

想在顶楼用大花盆种番石榴，请问是自己用种子播种栽培好呢，还是去花市直接买一盆回来移植到大花盆上好？

直接以种子播种、发芽的小苗叫做实生苗，要等它结果，至少要5年以上，而且很容易有果实品质不佳的情况。建议去花市买一盆番石榴嫁接苗，回来移植到大花盆上。顶楼阳光充足，只需注意使用排水佳、富含有机质的培养土以及正常浇水。当番石榴树长到1~1.5米高时应给予修剪，留下3至5个枝条作为主枝，大约2年后就可开花结果。

Q62

我在阳台种了一棵百香果盆栽，去年有结果，但是前后也才结了4颗，眼看春天又来了，要用什么方法让它今年可以多结果呢？

阳台栽种百香果盆栽，容易因盆小限制其生长及开花、结果的数量。建议使用直径60厘米以上的大花盆，可以使用中上品质的塑料花盆，以免加入培养土后，连盆带土的重量太重。等到春天开始长新叶后，可以施予有机肥，有机肥要埋入土中，开花结果期间，再补充含磷较高的有机肥，提高花朵与果实的品质。

🌿 蔬｜菜

Q63

每当台风来的时候，菜价就狂飙，那时候想自己种也来不及了。如果想在阳台种菜，不晓得能不能成功？要种的话可以种什么？

A

一般居家种菜失败的原因，往往是由于阳台的光照不足，菜苗很难正常发育生长。因此顶楼种菜，阳光不是问题，但是阳台种菜，就必须想清楚。朝东和朝南的阳台阳光较充足，成功率高。同时，刚入门的新手，建议考虑选择一些需光照较低的蔬菜，例如小白菜、空心菜、苋菜、菠菜等。如果都种成功了，积累经验之后，再去尝试栽种更多样的蔬菜。

Q64

我家的辣椒都无法开花结果，是日照有问题吗？还是另有原因？

A

辣椒最好在春天定植，因为如果秋冬定植，会因为气温逐渐降低，而使植株生长减弱，影响开花结果。结果的最佳适温为20~25℃，温度低于15℃或高于32℃，均会出现结果不良。此外，干旱或水分失调，均会引起落花落果。辣椒以主根为主，须根不旺盛，因此盆栽时，盆子必须有一定的深度，否则会影响生长。同时，必须保证全日照。

Q65

既然说小白菜、菠菜很适合阳台栽种，请问怎么种？

A

小白菜、菠菜适合利用种子种植。备好盆器和已经加了肥料的培养土，小白菜类种子小，直接播种即可。菠菜种子大且外壳较硬，要先将种子泡水一个晚上以加速发芽，隔天泡水的种子就可以播种，撒播或条播都可以。播种后，覆土厚

0.35~0.5厘米，并充分浇水。之后必须注意供水，土壤略干才浇水，通常播种后25~30天，即可陆续采收。

Q66

听说种地瓜叶最简单，该怎么种？

不用播种，只需备好盆器、培养土，去菜市场买1斤新鲜地瓜叶，枝条顶端、嫩的叶挑起来烧菜吃，尽量留下长一点的用来栽种。再选比较健壮的地瓜叶枝条，去除多余叶片，避免水分散失，以稍倾斜的角度扦插到培养土里，然后就是保持日照、水分充足，两星期后就有地瓜叶可以吃了。

Q67

在阳台利用粗枕木与培养土，做了几畦种菜的土畦，土层高度约30~35厘米，春天的时候都长得还不错。到了夏天同样天天浇水，却长得没那么好，与天气太热有关系吗？有改善的办法吗？

夏天天气炎热，对于植物生长的确有影响。因为30厘米的土层一下子就被烈日晒干了，而且高温对很多蔬菜的生长也会造成阻碍。建议可以增设半开放式的遮阴网，就像菜农的蔬菜大棚一样，挡掉些许阳光，或是及早改种耐热的蔬菜，例如菠菜、地瓜叶、苋菜等。

B.植物照顾篇

 日 | 照

Q68

圣诞红买回家后，要一直放在光线下照射，才会维持漂亮的颜色吗？

圣诞红"红"的部位不是花，而是其"苞片"。圣诞红为短日照开花植物，也就是在白天时间比夜晚短的环境才能开花，并使苞片转为具有观赏价值的红色。因此不要将买回家的圣诞红盆栽放在路灯或者灯光不断照射的地方，否则苞片会由红转回绿色，变成"圣诞绿"就不漂亮了。

Q69

我把黄金葛盆栽放在书桌上，虽然有窗户，可是它的茎和叶却越来越细长、稀疏。如果还是希望能在室内栽种，有什么加强光照的方法吗？

那就使用日光灯。日光灯发光效率佳，也不会太热，可以为植物提供光照，它所产生的蓝光，对植物的生长也蛮有利。因此，如果是一些小品盆栽，体积不大，放在书桌上栽种，倒也方便。利用书桌上的台灯加强光照，每天照射12~14小时，一举两得。

Q70

放在客厅茶几上的蓬莱蕉，虽然长得还不错，为什么总是偏一边，而且是偏向落地窗呢？

蓬莱蕉会偏向落地窗那一边生长，这种现象就叫做植物的向光性。由于植物受到体内生长激素的影响，就会朝着光源的方向生长。因此，放在室内栽种的植物，如果没有经常移动位置，久而久之，就会朝着窗户、落地窗的方向倾斜生长。建议可将盆栽每周转动90°，植物长势就不会偏一边了。

Q71

我有一盆葫芦竹，但不论怎么种，它就是一副病恹恹的样子，是不是我疏忽了什么？

竹类植物喜好全日照的环境，光照强度会影响它的生长，若光线不足，叶片会下垂且生长减缓。培养土应含壤土约1/2，以及有机肥及泥炭土等。也可施含氮肥高的缓效性复合肥当追肥，保持土壤湿润，土表略干就需浇水。葫芦竹生长不良，最大的原因可能是光照不足。

Q72

园艺杂志里提到植物需要阳光，所以将植物分成全日照、半日照及耐阴性植物3种。这说的是什么？

这是将植物依照所需光照强弱作分类：全日照植物每日须有6小时以上的日照，适合开花植物，如玫瑰、一般草花等。半日照就是阳光被过滤，或遮掉一半的环境，例如很明亮但是没有阳光直射的阳台，适合较娇弱的开花植物及一般植物，如非洲堇、大岩桐等。耐阴植物不需直接日照，但要有足够的光度或使用人工照明。室内窗户附近，适合种植耐阴观叶植物，如袖珍椰子、网纹草等。

Q73

我家客厅有彩叶芋、合果芋的观叶盆栽，原本有着漂亮的彩色叶片，最近发现叶子越来越绿，新长出来的叶片也是绿色的，怎么办？

彩叶芋、合果芋都是很适合室内的观叶植物。如果叶片越来越绿，可能是因为栽培位置光照不足，因此就会生长绿叶以增加叶绿素，加强光合作用来适应。建议将彩叶芋移到光线充足的位置，再观察新长出来的新叶，是否有彩色部分。

浇｜水

Q74

植物是不是需要每天浇水呢？

开始尝试种花的新手，都会有"多久浇一次水？"的疑问，更因为怕植物缺水而过度浇水，使得盆土过湿，土粒间无法流通空气，植物根部无法呼吸而死亡。由此可知，不能天天给植物浇水，这么多的花花草草，有的喜欢干燥，有的喜欢水分，我们只能用心去认识植物的习性，需要依植物的喜好与需求，适当浇水。

Q75

一天当中什么时段最适合给植物浇水？

早晨浇水最好！只要早上浇足浇透，使盆上吸饱水，就能够让植物一整天不缺水。夏天中午不要浇水，因为水温与土壤温度的差异过大，容易使根部因剧烈温差受损。而且烈日下水滴变成小小放大镜，叶片将会被灼伤，形成白色或棕色的斑点。

Q76

盆栽多久浇一次水？怎么浇水比较适当？

浇水的基本原则，就是掌握盆土略干时浇水，不要在培养土还是湿的时候，又给植物浇水，且要将水充分浇到花盆里，直到水从盆底流出，不可只是拿喷雾器喷湿叶片。须注意的是，浇水后一定要等盆底的水流干，再把盆栽放回底盘上。开花植物浇水时尽量不淋到花朵为妥，否则容易因损伤而变丑，甚至造成病菌入侵。

Q77

我要出远门，没办法帮阳台的盆栽浇水，有什么变通的浇水方法？

有几个简单的方式，适用于短期外出。一、浅盘水浴法：盆栽置于浅盘，盘中注水3~5厘米高。如果盆栽较多，将其集中于大塑料布上，将塑料布四周垫高并注水，使其慢慢吸水。二、虹吸给水法：将装满水的水桶置于盆栽上方，以塑料管或棉线作导线连接盆栽，慢慢吸水。三、点滴给水法：在大可乐瓶瓶盖钻直径0.1厘米的细孔，瓶内装满水加盖后倒置于盆栽上并加以固定，慢慢滴水。如果栽培的植物多，也可以考虑安装定时自动浇灌设备。

Q78

冬天天气好冷，温度这么低，要如何浇水才不会伤害植物？

冬季浇水的时间，最好在中午12点至下午6点。寒流来袭时，怕冷的植物如观叶植物及兰花，可以暂时不用浇水。如果来不及在前1~2天先浇水，宁可干一点，除非叶片已经出现枯萎，否则就先不浇水，等气温回升的中午再浇水。

Q79

培养土并不是干的，植物却出现叶片无力下垂的症状，这是缺水吗？怎么办？

缺水与太频繁浇水，都是导致植物生长不良的原因，两者症状类似。当叶片出现无力下垂的症状时，常误以为是缺水，于是再度浇水，让根部长期充满水分而无法呼吸，导致植物根部腐烂，甚至植株死亡。通常植物缺水时，叶片会皱缩或逐渐干褐、枯萎。

栽 | 培 | 介 | 质

Q80

园艺资材店里看到很多介质，到底什么是栽培介质？和土壤一样吗？

栽培介质是园艺的专有名词，土壤是栽培介质中的一种。简单来说，栽培介质可分为土壤与无土介质。土壤来自天然，以砂质壤土最佳，具有好的排水性、通气性及保水性、保肥性等。无土介质则是非土壤的介质，大部分是以天然素材经过加工所得，如泥炭苔、水苔、蛇木、发泡炼石、真珠石、蛭石、椰纤等。

Q81

栽培介质有这么多种，要如何使用？

当然是不同植物适合不同介质。庭园栽培时以天然土壤为主，土壤内含丰富腐殖质，有利于植物生长，其种类很多，大略分为黏土、壤土及砂土，适合不同植物的生长，例如多肉植物需要排水好的砂土，湿地植物则喜欢含水高的黏土，大多数的植物都喜爱砂质壤土，因为既排水、透气又保水、保肥。一般的盆栽，已渐渐舍弃天然土壤，改用各类综合的栽培介质，具有质轻、干净的优点。

Q82

什么是泥炭苔？适合种植盆栽吗？

A

泥炭苔多产自寒带地区，是千万年前的苔类植物，经过沉积分解形成，现今被拿来当做栽培介质使用。其疏松的特性，具有容纳大量水分、养分和空气的特质，且富含天然的有机成分，质地轻软，干净又不含有危害植物的害虫、细菌、病原体等，是最好的植物栽培材料，适合一般室内及阳台使用。

Q83

这么多种的栽培介质，它们本身含有养分吗？使用时要不要再添加肥料？

A

无论是土壤或是无土介质，都仅含有限的营养要素，没有额外的肥力。使用时，不妨添加容易吸收的复合肥料，例如综合性有机肥以及魔肥、好康多等复合化学肥料，为植物提供适当的养分。

Q84

为什么常看到别人用蛇木屑、水苔种兰花？它们具有什么优点？

A

蛇木屑，取自笔筒树的气根，是栽培兰花的最佳介质之一，具有良好的通气性、排水性，依粗细不同，用途也各不相同。粗的适合栽种兰花及观叶植物，细的可混合其他介质供观叶及吊盆植物栽培之用。水苔是气候潮湿地带生长的苔类，采集晒干后的产品，保水性强，最适合兰花这类喜欢潮湿的观叶植物，可保湿、防止干燥。

Q85

我是住在公寓大楼的种花族，取培养土不容易，用过的培养土舍不得丢弃，想再利用，要做什么处理才可以？

A

可将培养土平铺约1厘米厚，直接放在太阳下曝晒1~2天即可。另一种方式是将土放入塑料袋中，保持湿润，密封袋口，放在大太阳底下曝晒3天以上，冬天应该酌量增加天数。经过消毒回收的旧培养土，不免会变细碎或养分流失，可与新买的培养土或泥炭土按1：1混合，或将旧培养土、泥炭土与蛭石按1：1：1混合使用。

Q86

年节买了好几盆菊花，发现有稻壳混在土里，稻壳含有什么特别的养分？作用是什么？

稻壳也是一种常见的栽培介质，是农业废弃物，只要经过堆积分解或炭化，就会变成很好的介质。其本身倒是不含有特别的养分，特性是质地轻、容易取得且价格便宜，还有就是透气及排水性很好，可使植物根系不会因过湿腐烂。但是稻壳的保水性很差，所以要注意常浇水，虽然如此，却有助于控制盆栽的水分。

图片提供／陈坤灿

盆 | 器 | 与 | 换 | 盆

Q87

我想种乡村风的香草盆栽，除了挑植物，也要挑花盆吗？

一种花草可以搭配许多种盆器，一样盆器也适合多种花草，可随个人喜好而用。花草既是主角，那么盆器就是最称职的配角。首先，想好预算，到园艺大卖场走一趟，可以看到各式各样、尺寸齐全的盆器，容易快速知道盆器的种类、材质、尺寸等等。建议新手可先从素烧陶质花盆入门。材质的透气、排水性要好，再依植栽大小挑选尺寸，就能完成漂亮的乡村风盆栽。

Q88

盆器的种类很多，请问盆底没有漏水孔的可以种花吗？新的盆器要清洗干净再用吗？

种植用的盆器，如果底部没有漏水孔，而你又是新手的话，建议最好请商家给盆器钻个漏水孔，比较容易掌握浇水的量。全新的陶、瓷材质盆器，一定要先泡水才能用，使用前应该放在干净冷水中浸泡20分钟，没有经泡水，新盆器会把土里的水分吸干，造成花草枯死！

Q89

为什么植物要换盆？多久需要换盆？

花卉植物会不停地生长，时间长了盆土中会长满根系，所以盆栽植物经过1~2年就应该换盆，让植物持续健康茁壮。换盆最好在春、秋两季进行，选用透气、排水、吸水、保肥、保水性俱佳的混合栽培介质，换盆后要先放置在阴凉处约1周后，确认换盆植物的状况正常，再移到光亮处或原来的位置。

Q90

我发现种在阳台的盆栽，其中有好几盆根已经从盆底的漏水孔长出来了，这时是不是该给植物换盆？换盆时要施肥吗？

漏水孔有根长出来，表示根系已经塞满盆器，要赶快换盆。换盆时，新盆器需要比原盆大一寸左右。如果没有换大一点的盆子，采取如下措施，一样能让植株继续健康地生长：取出植栽后要将坏死、枯黑的根系剪除，也可同时修剪枝叶，再植入加了新栽培介质的花盆中。栽培介质中可添加有机肥或长效粒肥作为基肥。记住换好盆，一定要立即充分浇水。

Q91

我觉得盆栽表面的土，看起来都脏脏的，有什么改善方法吗？

新种的或新换盆的盆栽，土面可以铺上一层护土的栽培介质，例如小卵石、贝壳砂、人造小石子、发泡炼石等等，这样盆土就不容易流失，同时也有装饰作用。有些喜欢潮湿的植物或是趣味小品盆栽，可在土面栽植青苔、水苔、小叶冷水花等，既有护土作用，又增加盆栽的观赏趣味。

施 | 肥

Q92

什么时候为盆栽施肥？如何施肥？

植物幼苗期或成长发育阶段时，最需要高氮肥，如一般生长肥；开花结果期要施用磷钾含量较高的肥料，如开花肥，以使花美果大；花谢果熟后，也像人类产后补身一般，应给予补充适当的肥料。施肥时需将液肥稀释，以一般浇水方式施肥；颗粒肥则是直接撒布于盆土上，或是混合于栽培介质中。有机肥最好埋入土中，以避免引来蝇虫。

Q93

园艺书上说植物基本营养三要素是氮、磷、钾，如果我去买肥料，要怎么看懂包装上的营养标示？

营养三要素就是氮（N）、磷（P）、钾（K）。氮肥有助于叶绿素及植物荷尔蒙的合成，磷肥可促进开花结果及提高花果的品质，钾肥有益根茎部发育，可提升植物的生理功能与活力。肥料包装上的3个数字，分别代表氮、磷、钾的含量，例如花宝五号的30-10-10，表示氮磷钾的含量依序分别为30%、10%、10%。

Q94

放在室内的观叶植物，需要施肥吗？

一般室内盆栽很多使用无土介质栽培，无土介质中几乎不含养分，适时、适量的施肥，将有利植物生长。建议不要在室内使用有机肥，因为分解发酵后，容易产生异味招引蝇虫，使用化学长效性颗粒肥，既干净又有效果。一般液肥可经叶面吸收，但是肥效强，要注意正确的稀释浓度，以免伤叶，以少量多次的方式施肥最好。

Q95

粒状有机肥，施放很久后，植栽外观看起还是一样，到底间隔多久施一次比较好？

有机肥间隔多久施一次，与其成分及被施植物种类和气候有关。一般有机肥的效用为2~3个月。木本植物大约在春、夏、秋3季各施一次；快速生长的叶菜类，在种植前松土就混入有机肥，在全部采收后就要再施一次有机肥。不论哪种形态的有机肥，都以埋在土里的效果最好，直接放在土壤表面，会产生异味、招来蝇虫，也降低肥效。

Q96

有花友告诉我，正在开花期的花草最好不要施肥，以免花朵掉落，影响开花，是这样吗？

不完全都是。对于持续不断开花的花草，如丽格秋海棠、大岩桐、矮牵牛等，因为开花会消耗大量养分，如果养分供应不足，后续会出现开花稀少、花朵变小、花色不艳、花朵寿命减短等问题，所以开花期间是需要施肥的。可以施予液体开花肥，每1~2周施一次，有助于开花。有的花卉开花时，对肥料相当敏感，例如螃蟹兰开花时施肥，很容易使花朵凋谢、花苞消蕾。一般兰花也不适合在开花时施肥。

Q97

记得小时候，看到外婆用洗米水浇花，总以为那只是节俭的关系，洗米水浇花到底有没有效果呢？

洗米水是自古就在使用的天然肥料，富含各种养分，而且肥效和缓，适合各种花卉。用洗米水浇花，每隔7~10天一次就好，一定要先稀释后再使用。妥当的用法是将洗米水稀释10倍后，直接浇灌在花盆或庭园的土壤内；如果洗米水没有稀释，直接使用，营养丰富的洗米水很快就会变质产生酸臭味，尤其容易使土质酸化，也会滋生蝇虫，而得不偿失。

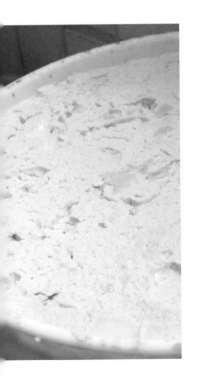

Q98

制作豆浆后剩下的豆渣，是不是可以直接放入花盆的培养土中，当作天然的有机肥料使用？

不能直接使用，因为没有经发酵分解的豆渣，在分解的过程中会产生异味与发热，不仅会招引蚊虫破坏环境，也容易让植物根部受伤。其实豆渣是制作堆肥的良好材料，其中肥效以氮肥为主，可促进植物生长。一般家庭制作豆浆后剩下的豆渣，利用堆肥法，让它充分发酵、分解，就成为很好的天然有机肥。

修│剪│分│株

Q99

花草树木都需要修剪吗？一定要用专业的园艺剪刀吗？

对花草树木进行修剪，是为了让其有更健康的生长势，促进新枝生长，而且新萌发的枝条会更健康粗壮，同时促进分枝，使其植株有形、密实，维持优美的形态。修剪约1周之后，植物就会长出新芽。如果能使用专业的园艺剪刀，如剪定铗、园艺剪刀等当然好，最重要的是要让修剪切口保持利落、平滑、使伤口快速愈合。

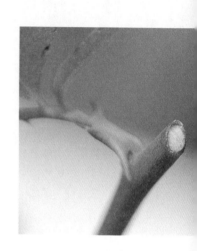

Q100

修剪必须配合季节吗？要如何修剪？

冬季是最好的修剪时机，可以让植物春季生长得更茂盛。修剪时要注意剪枝不剪叶、剪去2/3的枝条的原则。多年生草本植物，可以剪去整株2/3的枝条，留下1/3的枝条及叶片，叶片留着以便进行光合作用，制造萌发枝叶所需的养分。

Q101

在春天开花的梅花、樱花、碧桃、紫藤等，需在何时修剪？

A

这类赏花型的树木，花芽都是在前一年生的枝条上形成的，因此正确修剪时机是在开花后的1~2周内，以促进侧枝萌发成新枝，形成来年的花枝。之后一直到隔年春天开花之前，只需修剪枯枝、枯叶即可，千万不要再做强修剪，把花芽都剪掉，来年春天就没有花可欣赏。凡是当年生枝条上开花的花木，如茉莉、夜香木、扶桑、木芙蓉等，应在冬季重修剪，使其来年多萌发新梢。

口图片提供/陈坤灿

Q102

植物生长发育期间，也能修剪吗？

A

生长期间所需要做的修剪工作，只能是轻度的修剪，只可剪掉枯萎、折断、生病以及生长太密的枝条，以节省养分，减少消耗，促进花木健康，保持植株整体外形的整齐、优美。

扦｜插

 Q103

听花友说分株繁殖法很容易成功，到底什么是分株？

分株是无性繁殖的方式之一，通常换盆时可同时进行分株。分株是指将已经具备根、茎、叶或芽、根的子株，用刀切离，将子株自母株丛中分出另外栽种。分株法成活率高，成长速度也较快，只是无法大量育苗，很适合一般家庭园艺应用。分株繁殖比较适用于丛生型的草本植物类、兰花类、竹类等。

Q104

如何在换盆的时候，同时进行分株繁殖？

A

换盆可以促进植物的更新，同时进行分株的话，又可以快速地让盆栽变多盆，例如薄荷、白纹草，都可以在换盆时分株。把植栽从花盆取出，将植株分开，可1分为2株或3~4株。需将老化、枯朽的根系剪除，再重新种到其他花盆，盆土可预加长效性肥料，种好之后充分浇水，并放置在阴凉处约1周后，再移到光亮处，植栽即可持续茁壮成长。

Q105

什么季节比较适合分株繁殖？有需要特别注意的事项吗？

春、秋两季最适合分株，但是必须注意几项原则：一、开花期间不可以做分株，避免影响开花；二、分株前减少浇水，方便分株进行；三、在傍晚进行，可以减缓茎、叶的水分与养分消耗；四、分株后的子株需立即种植，以确保成活率；五、避免分株太细小，子株太小恢复生长会太久；六、种好立即充分浇水，并放置于阴凉处约1周，等待其恢复生长。

Q106

园艺达人说扦插可以让你的花草一盆变十盆，什么叫做扦插？

这是最容易操作的繁殖法。剪取一段植物的根、茎或叶，就成为插穗，将插穗插在介质中，就能使其生根成为新的植株。扦插所得的新株，可遗传母株的优点，又可以大量育苗。大部分草本、多肉及木本植物类，都可以利用扦插法育苗。

Q107

扦插需要挑季节吗？是否一定要使用清洁的新介质？

春季是最适合扦插的季节，可以利用修剪的时候，选择健壮的枝条，作为插穗；冬季扦插需要注意保暖、保湿；夏季温度高，容易失水，太湿了作为插穗又容易腐烂，失败率增加。扦插时建议使用干净无菌的新介质；如果有旧介质，必须先利用阳光曝晒、热水浇灌等方式消毒后再使用，因为旧介质中可能含有致病的病菌，会使插穗感染而死亡。

Q108

扦插的介质要如何浇水？插穗的叶片过多会容易失水吗？

扦插的水分供给，一样是依照介质略干才浇水的原则。过度浇水让介质处于浸水状态，插穗容易腐烂。如果插穗上的叶片保留较多，虽能够进行光合作用制造养分，对发根成活有帮助，但也会让水分快速蒸散，使插穗失水而干枯。一般都是将叶片对半剪，或将叶片完全去除，再整盆套上透明塑料袋，让插穗不失水。

Q109

我想用枝条扦插，剪插穗时要选择哪个部分才正确？

植株上可以长叶、发芽的部位叫做"节"，插穗至少要带有1~2个节，才能够发芽，如果剪节与节之间的部分，那是无法使用的。因此，理想的插穗，应选择健壮的茎干、枝条，确认插穗至少带有1个节，以锐利、干净的剪刀剪取插穗。不利的剪刀，会使切口周围的组织受伤，增加感染机会，增加失败率。

Q110

为什么看到插穗已经长出芽和叶，想要移植，却发现竟然还没长根，是什么原因？要怎么办？

看到新芽很快就长出来，不要高兴得太早，因为必须等到插穗发根，才算成活。太快发芽、展叶，需要耗费大量的水分，如果这时候还来不及长根，插穗就无法正常吸收水分，将导致插穗干枯，扦插失败。这种情况可能是气温较高，使之发芽、展叶较快所致。所以应避免在夏季扦插，并考虑使用发根剂，促进发根，增加成活率。

Q111

我有一盆迷迭香，长得很健康，想尝试以扦插繁殖新株，请问要怎么做才会成功？

迷迭香扦插宜于春、秋季进行，选择一二年生没有木质化的健康枝条，从顶端算起10~15厘米处剪下作为插穗，去除插穗下方约1/3的叶子，可先插在速大多1000倍的溶液中，提高发根能力。2小时后直接插在培养土中，等介质干燥才浇水，并将插穗放在光照柔和的位置，避免直射的强光，减少水分蒸散。20~30天后就可发根，30~45天可形成健全的根系。

 播 | 种

Q112

我从花市买了种子想自己播种，要如何播种才不会失败？

买到好的种子，才有好的开始，所以购买时须注意包装上的使用期限，拆封后应在短期内播种。买回来后，先别急着马上播种，最好先详细阅读包装袋背面的说明，会了解到适合播种的温度及季节、发芽日数及栽培要领。此外，也要注意种子是喜阴还是喜阳特性，喜阴性种子播种后，一定要遮盖一层薄土，以免无法发芽。

Q113

各式各样的种子，有大有小，请问播种的方法都一样吗？

视种子大小会有3种播种方式，小于0.1厘米的小型种子，适合采用洒播，将育苗盘的土壤整平后，种子均匀撒在介质上。0.1~0.5厘米的种子，可用条播，在育苗盘填入介质后，压出一条距离适当的浅沟，再将种子均匀洒在浅沟中，并覆上薄土。大于0.5厘米的种子就可直接点播，只要以适当的距离挖出数个浅穴，每个穴放1~3粒种子，再覆上介质，以盖过种子为宜。

Q114

完成播种后，需要特别注意什么吗？怎么浇水才适当？

播种后，可用纱网盖上遮光，避免太阳曝晒，同时也可以防止鸟、蚂蚁、蜗牛等小动物窃食。发芽期间需要大量水分，所以不能缺水，但是也不能过分潮湿，否则不利发芽或发芽后容易感染立枯病。浇水以早晨为佳，如果风大或炎热，傍晚也要浇一次水。可用喷雾方式将土壤喷湿，避免种子流失。室外播种时，下雨时应将其移至雨淋不到的地方。

Q115

我的种子终于发芽了，但是要怎么继续照顾它们？

种子发芽后，需要疏苗、施肥以及假植、定植，让小苗可以逐步苗壮，长成健康的植株。首先是疏苗，发芽后如果苗密度过高，就必须拔除瘦弱的苗，以保持小苗之间的间隔，维持通风以及生长空间，并以稀薄的速效液肥，每隔一周在叶面施肥一次。当小苗的本叶长至3~4片时，可将其假植到3寸盆，等小苗的根系苗壮后，就可以定植到5寸的花盆或户外土壤中。

Q116

在苗圃见过可一次大量育苗的穴盘，要如何使用育苗穴盘播种？

育苗穴盘通常是塑料材质，目前市面上有最少20孔的育苗穴盘，适合家庭园艺使用，还有35~288孔专业用的。利用穴盘来播种、培育幼苗，可以让每一株幼苗的根系独立，不会交叉感染病毒，而且容易取出幼苗，所以移植成活率与恢复力都很高。使用时，先将每格填满新培养土，将种子直接播入其中，因为每一格的土量有限，水容易干，必须特别注意浇水。

 防｜寒｜与｜避｜暑

Q117

冬天的时候，照顾阳台上的花草需要注意哪些问题？

掌握正确的浇水、防寒、施肥，就可以帮植物顺利度过冬天。通常原生于热带的花卉，需要放置在室温10℃以上的室内，给予充足光照，并注意通风、保湿。浇水要等盆土干了再进行。进入休眠期的植物，会有生长停滞的现象，最好不要给植物施肥，也不要换盆换土。但是冬季开花的花卉则要正常浇水，待盆土略干时再浇水，一样正常适量施肥。

Q118

寒流来袭，怕冷的植物应该采取什么措施，才可以让植物避免寒害？

当气温低于10℃时，可做以下措施，避免植物受到低温伤害：一、将植物移往室内或避风的角落；二、夜晚需将室内的植物搬离窗边至少20厘米以上，避免低温；三、夜晚要拉上窗帘，隔绝室外的冷空气；四、不方便移动盆栽时，可利用透明塑料袋、报纸、纸箱等将其围住，但是切记时间不可过长，白天最好将其移除；五、经过寒夜，隔天发现植物的叶面有霜，应立即以水冲洗，避免造成冻伤。

Q119

冬季的浇水时机要怎么拿捏，才不会伤到植物？

应掌握以下三大原则：一、盆土稍干再浇水：冬季大部分的植物生长缓慢，因此要减少浇水次数，拉长浇水间隔，待盆土稍干再充分浇水。盆栽底盘，注意不可积水。二、中午12点至下午6点浇水：冬天气温低，须选择白天较温暖的时段浇水，以免因温差大伤到根部。三、浇水的水温：使用相近于室温的水就好，不要使用温水，以免烫伤植物，甚至使其死亡。

Q120

冬天低温寒流来袭的时候，可以给怕冷的植物浇水吗?

当气象预报寒流即将来袭，最好在寒流到来的前1~2天给植物们浇水，以便让植物充分吸水，维持正常的生理作用，安全度过寒流的低温。记住，千万不要在寒流来的当天浇水，如果来不及，宁可就让土壤干一点，除非叶片已经出现枯萎，否则就先不要浇水，等寒流远离，气温回升的中午再浇水。

Q121

冬季的开花植物，要怎么施肥才恰当?

冬季会开花的植物本来就不怕冷，依照一般情况使用肥料即可。配合植物的生长周期，幼苗期和发育阶段需要高氮肥。快到开花结果期，要施用磷钾含量较高的肥料，可让花美果大。等到花谢果落，也要像人类产后补身一样，补充适当的肥料。

Q122

炎热的夏天，需要帮阳台上的盆栽注意哪些问题呢?

最好让植物减少日照、降低温度、减缓叶片水分蒸散的速度，并维持良好的给水。适当遮阴以避免强烈阳光直接照射，可将植物移到树荫或屋檐下，或加装黑色遮光网，过滤掉一些强烈的直射阳光。同样等盆土略干时再浇水，以帮助植物顺利度过夏天。

Q123

夏天想种植香草植物，但是听说香草植物在夏天不容易存活，有哪些适合的香草植物？要怎么栽培照顾？

A

因为香草植物原产地有热带、温带地区之分，近年来太注重薰衣草等欧洲香草，因此给人香草不容易栽培的印象。其实适合在夏天栽培的香草也很多，如薄荷、香茅草、迷迭香、牛至、甜菊、艾菊、罗勒、柠檬马鞭草、桉树、澳洲茶树、芸香、紫苏、茴香等。须避免中午阳光直射，尤其是雨后的强烈光照，同时需防止土壤干燥。因此最好将不耐热的香草以盆栽栽种，可随时移动，顺应环境的改变。

Q124

夏天的阳光强烈温度又高，很怕阳台盆栽缺水，到底要怎么判断浇水时机？

A

最简易的判断方式，就是观察盆土是否干燥，用手拿起盆栽有过轻的感觉，就表示盆栽该浇水了。夏季的浇水时机，最好避开正中午，应该在早晨阳光还不强烈时浇足水。如果早上不方便，也可在晚上或黄昏时将盆栽浇透。

病│虫│害│防│治

Q125

为什么植物会长红蜘蛛？要如何处理？

红蜘蛛最常在炎热而干燥的环境出现，2~5月或10~11月，容易发生红蜘蛛危害叶片、花瓣的情况。极小的红蜘蛛，常聚集于叶背，严重时还会织成薄纱状丝网，红蜘蛛吸食植物汁液，会让叶面呈现灰暗色。通常在一棵植株发现红蜘蛛时，邻近的植物均会出现，而且繁殖速度很快，可用蒜头液或辣椒液喷洒，或使用相应的花药也有效。

Q126

听说高温多湿的夏季，是病虫害的高峰期，冬季植物一样会感染病虫害吗？

植物病虫害的种类很多，易发环境也不尽相同。虽然大多数在高温期容易发生，但是有部分病虫害在冬季也会产生危害，例如蔬菜类的菌核病、黑腐病等，一样要注意防治。

Q127

花园里的各种虫害常让人头痛，又要除虫又得烦恼药害问题，有没有环保又自然的天然除虫剂呢？

A

居家栽种花草树木、蔬菜水果时，难免会遇到各式各样的害虫，除虫妙招就是利用植物来消灭害虫，这些植物材料都是居家随手可得的，如厨房食材蒜头、辣椒、姜、洋葱。也可自行将烟丝泡成水喷洒，里面的尼古丁碱是害虫的致命毒素。过滤咖啡剩下的咖啡渣，除了用来除臭去味之外，也能直接洒在土上来防治蜗牛、蛞蝓等软体动物。肥皂、洗衣粉所稀释成的肥皂水，对于红蜘蛛、蚜虫、介壳虫等防不胜防的小虫，效果更是一级棒。

Q128

花友们常推荐的肥皂液除虫剂，要怎么制作？

A

将肥皂丝或洗衣粉加水100倍制成液，对阳台花园常见的蚜虫、介壳虫、粉虱、红蜘蛛等均有防治效果。施用时，须将肥皂液喷在虫体上才会产生效果，而且喷洒过后的半小时，要用清水将沾在植物上的肥皂液洗掉，以免植物叶片受伤。而肥皂液流入土中，对植物不会造成伤害。

Q129

蒜头天然除虫剂可以自己在家做吗?

蒜头具有抗细菌、抗真菌和杀虫的功能,可用来防治多种害虫,包括蚜虫、菜螟、叶蝉、孑孓、椿象和粉虱等,对于春季经常发生在叶片上的白粉病也有防治效果。将90克蒜头瓣切碎,加40毫升矿物油浸泡一天以上,再加入半升的水和8毫升的浓缩肥皂液,充分搅拌后过滤即为蒜浓缩液,使用时要加水稀释喷洒。

Q130

天然的烟丝液除虫剂要怎么制作?

烟丝中的烟碱是一种高毒性的生物碱,大部分身体柔软的昆虫接触后便会死亡。烟丝液与肥皂液混合时,可增加杀虫效力,对大部分食叶性害虫,包括蚜虫、介壳虫和红蜘蛛等都有效。取数支香烟,抽出烟丝并置于容器中,加入4升的温水浸泡10小时左右,再加入5毫升浓缩肥皂液,静置半小时后过滤即完成,用时稀释喷洒。

Q131

使用自制的天然除虫剂时,有哪些事项需要注意?

制作时应利用磨碎、挤压等方式,尽量萃取有效成分,如需将辣椒剁碎或捣烂之后再浸泡,就容易释出辣椒素。制作一次用完的量,避免久放变质。如果暂时用不完,贴上标签后,放在冰箱储存几天。使用时不要稀释过稀,以免因成分不足影响效果。喷洒技巧关系杀虫、驱虫效果,晴天施用效果最好,如果下雨就先暂缓。

C.规划实践篇

 规│划│设│计

Q132

准备找景观公司设计家中阳台，在开始找之前，需要先做什么功课吗？

A

即使要找专业团队设计阳台，还是必须检视以下五大要点：需不需要做防水工程，喜欢什么花园风格，对于阳台的功能要求，可照顾植物的时间与人力，阳台环境的采光状况。愈了解自己的需求和环境，愈能准确地和景观公司讨论出适合自己的阳台，才不至于发生设计精美，却因后续管理不佳而荒废的情形。

Q133

第一次购买改装阳台的材料，对资材很不熟悉，要怎么购买比较好？

A

可先找找看家中闲置的家具，或是平日多注意周围有无被丢弃的物品。旧物再利用，就是很好的改装材料，也能省下一笔费用。如果是第一次改装，且对于旧物利用不擅长的话，建议可先测量阳台的长、宽、高尺寸，再请现场人员协助规划适合购买的各式花器、地板、漆料等材料。

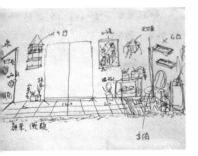

Q134

原本家中阳台堆满杂物，想自己规划改造一个阳台，该从何开始动手？

改造前，要想清楚自己的生活习惯和喜好风格。先测量阳台的长、宽、高，在纸上画下等比例的阳台草图，将想法先转为图形。稍微搭配一下物件，例如哪边想钉层板，哪边需要摆花架，墙面会有怎样的利用等。确定好阳台蓝图，接下来购买材料，自行DIY，就能一步步完成自己的阳台。

Q135

想要在墙面钉上木板，然后自己上漆，应该特别注意什么事项吗？

许多人偏爱在阳台运用木板，营造出自然的室外空间。因此可尽量采用未上漆的原木板，搭配不会反光的平光漆料，以干刷的油漆方式让木板有刷纹，也能隐隐透出木板原色。这样整体看起来，墙面会更有层次，又不致抢了植物的风采。

Q136

设计阳台时，需要去配合原有的水电管线吗？

如果阳台的规划包含自动浇水系统、照明装饰灯具等，就应该在整体空间规划时，在阳台铺设相关的水电管线，以利硬件和盆栽之间动线的顺畅。相较起来，习惯手动浇水，也不需要特殊照明设备的，在设计阳台时就不需要动及水电工程。

防 | 水 | 和 | 排 | 水

Q137

想在阳台地面布置出一个大型生态池，要怎么做好防水措施?

通常阳台要布置出生态池的效果，最好请专业的景观公司设计施工。防水工程施工时，先在地表铺上排水板，再放入符合阳台大小的不锈钢水槽，并在水槽与壁面之间添加防腐材与美化功能的木材。这样就能在水槽里布置出一方生态池，也不怕漏水了。

Q138

市面上的防水涂料，买回来自行使用，有无需要特别注意之处?

居家常见的防水涂料，主要有聚氨酯PU、水性压克力、橡胶沥青等，需视阳台原有材质和用途选购。操作之前，最好先确认欲涂面干燥、无积水，然后将防水涂料搅拌均匀，有点类似油漆的涂刷方式，轻刷2~3层，尽量避免有未涂刷之处。须注意的是，涂料完全干燥需2~4小时，未干之前应避免踩踏，以免表层破裂，影响防水效果。

Q139

景观公司常提到的防水层，到底是指什么？

防水层指的是在地面直接栽种花木时，为避免水直接渗透至不透水的水泥或瓷砖地表造成管理不便，而进行的一道处理工序，景观公司使用的防水材质，一般可分为弹性水泥或PU等液体材料，以及沥青防水毯等固体材料，选择时，可依照预算和环境需求决定。

Q140

想在住家的水泥地面填土，直接栽种植物、造景，排水工程应如何施工？

必须先在地面铺上促进排水的排水板，外形类似浴室的止滑板，但强度较强且重量更轻，再加上一层厚度足够、排水效果好的无纺布，避免土壤流失。最后，确定排水板和无纺布的铺设面积，就可以开始覆土，种入喜爱的植物了。

Q141

阳台的排水孔很容易被落叶阻塞，引发积水问题，有什么改善的方式？

目前常见的阳台排水孔，多为与地表同高的平盖式，可以选购高脚落水头，加装在阳台排水孔上，避免落叶直接堵住出水口，也可以在女儿墙面钻孔，加快排水速度，避免单一排水孔来不及宣泄突如其来的雨水。

植 | 物 | 配 | 置

Q142

大大小小的盆栽，要怎么配置，才会又好看又不会凌乱？

A

阳台虽小仍要有视觉主体，可先选用高细或较大型的植栽作为焦点，其也稍具遮掩效果，可将市嚣隔离在外，又可保护室内隐私。但所选的植物类型会影响整体风格，所以在选择植物时，要先确定主树是什么，接着就可以主树为中心，在四周搭配花架或层板等，摆放适量的中小型盆栽，利用高低层次填补视觉空隙，呈现丰富的层次。

Q143

阳台植物数量要如何掌握，才能达到好照顾又热闹的效果？

A

建议可以每一季选用2~3种草花，搭配2~3种常绿的观叶植物。草花种类少，可以使阳台看起来风格一致，不会显得杂乱无章，管理也较方便。如果希望热闹一点，则可从颜色着手，选几种不同颜色的同种花卉搭配，就能营造缤纷的感觉。

Q144

想自己动手做组合盆栽，要怎么正确选择适合种在一起的植物？

A

必须先了解阳台的环境，选择习性和花期皆相近的植物种在一起。如果习性相差太大，譬如喜欢潮湿的蕨类和喜欢干燥的仙人掌种在一起，或者喜欢阳光的向日葵和需要遮阴的绣球花种在一起，常会顾此失彼，无法生长良好。此外，如果是一年生草花，把花期相近的种在一起，不仅开花时美极了，花期过后也可以一起淘汰更换掉，管理相当方便。

Q145

阳台环境不适合栽种草花植物，会不会无花园的感觉？

阳台上不种草花，还是可以利用品种众多的观叶、多肉、水生植物，营造出花园的整体感。例如，竹子、红竹等就可以和南方松、枕木、石头、水钵搭衬，营造淡淡的宁静氛围。另外，也可以借助植物的颜色、叶片的大小搭配等细节让花园层次更丰富、更有细腻质感。

Q146

喜欢藤蔓植物的飘逸感，要怎么将它们融合在阳台里？

欣赏藤蔓植物，就是喜欢看那悬垂的枝叶迎风飞舞，因此藤蔓植物一般会摆在高处，任其枝叶自然生长。如果盆栽量不多，可以单纯摆放在高处的花架或悬挂在墙面篱笆；数量较多的话，则可在阳台墙面与屋檐间架起长杆，挂上整列悬垂植物，如此既不占空间，又能营造丰盈的绿意。

Q147

家中的阳台是自己布置的，因为喜欢观赏不同的阳台景观，有没有不用花大钱的聪明方法？

对于喜爱自己动手布置阳台的人，能够观赏不同的景观，是件开心的事。其实想要变动布置，可趁换季，随着阳台光照范围和时间的改变，在移动盆栽的同时，更换盆器和装饰素材。就算是相同的植物，换了盆器、移了位置，在整体上也会有崭新的视觉效果，轻松地满足了求新求变的需求。

浇｜水｜系｜统

Q148

到底面积多大的阳台，需要装设自动浇水系统

自动浇水系统可以应用的范围很广，一般使用在庭园或果园，多半是因为面积过大，为方便照顾而安装。但若在居家阳台使用，面积就并非第一考量因素。装设自动浇水系统主要是由于阳台的盆栽数量较多，或因生活习惯无法定时帮植物浇水，甚至有较长的时间外出等因素。

Q149

想自己动手装设浇水系统，可以有哪些选择?

市面上的自动浇水系统甚多，可自行买回家组装。大抵来说，阳台的自动浇水系统依照喷嘴的形式，分为喷头和滴头两大类别。喷头形式适合用在面积较大、容易照到阳光的阳台，可以大面积地喷洒水，省时又省力。如果栽种盆栽数不多，或栽培的植物不适合直接沾水，可装设滴头形式，省水又不会弄湿阳台环境。

Q150

外出时，设定好固定的浇水时间，但又怕水量过多或下雨，会让植物淹死，要如何调节给水量呢?

目前的自动浇水系统，都设有调节出水量的水阀开关，短期外出时建议将出水量调小，以免盆栽过湿。另外，市面上也有一种节水装置，装置本身会判断是否继续自动浇水，若遇到下雨或给水量过多，装置就会自动停止浇水，让植物不致淹死，也能节水。

Q151

家中的自动浇水系统，为什么都会出水不顺，或水量忽大忽小？

A

自动浇水系统要用多条管线和喷头，使用一定的时间之后，喷头容易累积杂质而阻塞。此外，若是管线为透明的塑料管，容易因日照而产生青苔滋生的现象，也会影响出水。因此，定期清洗喷头和管线，自动浇水系统才能流畅地出水。

Q152

家里阳台盆栽不多，不想装设自动浇水系统，还有什么方法可以帮助浇水？

A

除了自动浇水系统之外，还有许多简易的小方法，同样可以达到自动浇水功能，适合短期的外出使用。最常见的方式，就是在盆栽下方放置水盘，或是利用盆栽高低落差，用布条输送水分，简单又有效。另外，也可以到园艺资材店购买简易的控水滴头，直接接上塑料瓶给水，非常适合盆栽数不多的阳台。

地│面│铺│材

Q153

市面上的地面铺材琳琅满目，要如何选择最适合自己的种类？

阳台地面多为水泥地，感觉光秃秃的，既单调又不美观。选择适当的铺面材料是美化阳台的第一步。目前常用的有陶砖、石板、木板等地面铺材，可单用其中一种，也可互相搭配营造层次感。各种材料有不同的风格，如陶砖质朴，木板天然，石板有着日式禅风味，找到可搭配栽种植物的铺材，是很重要的。

■ 商品提供／特力屋

Q154

各种不同材质的铺材，在使用维护上会有不同之处吗？

市面上常见的地面铺材，可概略分成木板、塑料板和石材等三大类。使用木板，在照顾盆栽时应避免滴落太多水分，免得木材过度潮湿，容易变形。使用塑料板，比较不会有上述问题，只要定期清洁即可长久使用。使用小颗的装饰石材，或大块的石板，太过潮湿的情况下，容易滋生青苔，最好也要定期清理。

Q155

铺设地面材料可以自行施工吗？有无需要特别注意的事？

自行施工时，多保留原地面材料，用直铺方式铺设地面材料。可使用轻质空心砖、清水砖、卵石、石板、拼装式户外木地板、人工草皮等直接拼装，这些在资材专卖店均可选购。在施工过程中，须留意保持排水孔畅通，可剪一小块无纺布覆盖在出水口的铁盖上，或使用卵石覆盖在排水口上，避免排水孔被碎石或泥沙堵塞。

Q156

在资材店看到好几种石头，可以直接铺在地面上，当作铺材吗？

石头常被用来作为花坛内或走道旁的美化装饰，其实也可拿来直接铺设地面。石头的种类及色彩繁多，黑的、白的、灰的，圆的、扁的、不规则的都有，光是用不同的石子，就可设计出各种风格。和其他材质的铺材相比，石头的好处是泼水后非但不湿，还能呈现光滑亮眼的效果。

资｜材｜配｜件

Q157

总是找不到喜欢的盆器来搭配植物，杂志上那些美美的盆器是怎么来的？

其实有特色的盆器不一定是购买的，只要利用一些小技巧，就能让盆器有更多表情，像为藤篮上漆、用英文报纸包覆塑料盆，都能将常见的盆器转换成另一种面貌。此外，多注意生活中的罐头、果酱、牛奶等器皿，会发现有很多都适合作为盆器。试着将它们拿到阳台跟植物搭配布置，让风格更活泼，更具生活感。

Q158

阳台多有空调器或洗衣机，有什么方法可以美化呢？

多数家庭的前、后阳台，均紧邻着客厅和厨房，难免会有家电或管线的干扰，不知不觉就成了堆积杂物的凌乱空间。其实，只要善用园艺资材和收纳橱柜，例如以长形的墙面篱笆遮掩管线，以篱笆木门区隔空调器和栽种空间，就能在不影响生活功能的前提下，美化角落。

Q159

狭长形的阳台空间不大，盆栽都不够放，又想有花园的丰富感，有什么辅助的配件可用吗？

层架、墙面篱笆、吊挂式花槽、阶梯式花架等园艺素材，都能区隔出空间的高低层次，增加花草和装饰物的摆放空间。金属、木制、陶制等不同材质的配件，也会转换阳台的整体风格，因此有条不紊地使用花架，是让小空间放大的聪明法则。

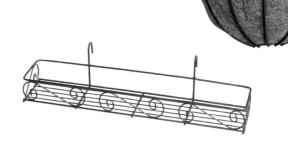

Q160

想自己编织盆器，有没有推荐的材料，可以让新手尝试？

容易弯曲的铝线和铁线，可塑性强，是好用的DIY素材。不论是扎成枝架让藤蔓植物攀爬，利用粗细不同的线编织成花盆，或是为玻璃罐做个提把，制作起来都不难，且取材也相当容易，对于想DIY的新手来说，是不可或缺的材料。

阳台种花与景观设计

Planting in veranda

著作权合同登记号：图字13-2009-028

本书经台湾城邦文化事业股份有限公司麦浩斯出版事业部授权出版。未经书面授权，本书图文不得以任何形式复制、转载

图书在版编目（CIP）数据

阳台种花与景观设计/台湾《花草游戏》编辑部
编. —福州：福建科学技术出版社，2010.9（2020.6重印）
　　ISBN 978-7-5335-3701-2

　　Ⅰ.①阳… Ⅱ.①台… Ⅲ.①花卉–观赏园艺 Ⅳ.
①S68

中国版本图书馆CIP数据核字(2010)第097528号

书　　名　阳台种花与景观设计
编　　者　台湾《花草游戏》编辑部
出版发行　海峡出版发行集团
　　　　　福建科学技术出版社
社　　址　福州市东水路76号（邮编350001）
网　　址　www.fjstp.com
经　　销　福建新华发行（集团）有限责任公司
排　　版　视觉21设计工作室
印　　刷　福建彩色印刷有限公司
开　　本　700毫米×1000毫米　1/16
印　　张　12
图　　文　192码
版　　次　2010年9月第1版
印　　次　2020年6月第14次印刷
书　　号　ISBN 978-7-5335-3701-2
定　　价　29.80元

书中如有印装质量问题，可直接向本社调换